ulmer

Alessandra Vicario

MACH PLÄTZCHEN!

Hundekekse, Leckerlis und Co. selbstgemacht

INHALT

HALLO & WUFF

Kreativität und Design, das sind Dinge, die mich schon immer in meinem Leben begleiten und inspirieren. Etwas selbst zu machen und selbst zu gestalten, hilft mir nicht nur, mich auszudrücken und weiterzuentwickeln, zu sehen, was ich mit meinen eigenen Händen schaffen kann, bringt mir zudem noch unglaublich viel Freude.

Was mich außerdem noch begeistert, sind vier Beinchen, ein flauschiger Popo und ein Herz aus Gold, denn ich bin mit Leib und Seele Hundemama. Dumbo ist ein Teil meiner Familie und immer und überall mit dabei. Nicht nur liegt an Weihnachten für ihn etwas unter dem Weihnachtsbaum, hat er Geburtstag, darf er sich ein Spielzeug aus dem Hundeladen aussuchen und ich backe ihm eine Leckerei, wie ich es für meine zweibeinigen Liebsten auch tun würde.

Und das Beste? Seit Dumbo 2016 in mein Leben getreten ist, lassen sich meine Vorlieben sogar kombinieren: Man nehme hundegerechte Lebensmittel, ein paar wenige Backutensilien, einen fluffigen Testesser sowie eine Kamera und heraus kommen vielseitige Rezepte für Hundeleckereien – mit einer Ästhetik, als wären sie für Menschen. Denn wieso sollte sich nur der zweibeinige Teil einer Familie ein Stück Kuchen gönnen dürfen?

Wir machen uns heute mehr Gedanken um unsere Hunde als früher. Sie sind nicht mehr nur dazu da, Haus und Hof zu beschützen, sie sind unsere treuen Weggefährten, engste Vertraute, Tränentrockner, Seelenheiler. Wir erklären ihren Zecken den Krieg, versäumen keinen Impftermin, machen uns selbst zum Affen, um sie zu bespaßen, und sollten sie doch mal krank werden, scheuen wir keine Kosten und Mühen, damit es ihnen schnell wieder gut geht.

Und genau darum geht es in meinem Buch. Nicht um die grundsätzliche, ausgewogene Ernährung deines Hundes, sondern um ein gemeinsames und genussvolles Leben mit deinem besten Freund und Familienmitglied. Um das umsetzen zu können, bedarf es nur ein wenig Know-how.

Wir alle kennen die meist langen Listen von unaussprechlichen Zusätzen auf Packungsrückseiten. Was ist nahrhaft, was ist unnötig und was möglicherweise sogar schädlich? Künstliche Zusatzstoffe, Stabilisatoren, Emulgatoren, Verdickungsmittel, Geschmacksverstärker. Viele chemische Zusätze gelten sogar als Herstellungshilfen und nicht als Inhaltsstoffe und müssen daher nicht einmal deklariert werden. Unseren Hunden solche Leckerlis zu geben, ist gewiss kein Genuss, denn wir wollen unsere Fellnasen doch verwöhnen und ihnen nicht schaden. Aus diesem Grund basieren die Rezepte in diesem Buch auf natürlichen und nahrhaften Zutaten von bester Qualität.

Du findest in diesem Buch tierärztlich geprüfte Rezepte – von alltäglichen Leckereien bis hin zu außergewöhnlichen Kreationen für besondere Anlässe, wie Geburtstag oder Weihnachten.

Jedes Rezept in diesem Buch ist anfängergeeignet und auch die Kleinsten der Familie können schon mitbacken. Wie diese Rezepte jedes Mal gelingen, worauf es im Umgang mit dem Teig und den Utensilien ankommt und was du bei den Zutaten beachten musst, erfährst du in den nachfolgenden Kapiteln.

Und weil Hunde, genau wie Menschen, unterschiedlich sind und verschiedene Bedürfnisse haben, sind die Rezepte so konzipiert, dass man sie ganz einfach an seinen Hund anpassen kann. Ob mit Fleisch oder Fisch, vegetarisch, gluten- oder laktosefrei – fast alle Zutaten sind austauschbar. Solltest du dir dennoch unsicher sein oder Bedenken haben, wende dich vorab vertrauensvoll an deinen Tierarzt.

Ich wünsche dir und deinem Hund ganz viel Freude mit diesem Buch. Und nun leg los und lasse deiner Fantasie und dem Sabber deines Hundes freien Lauf.

Deine Alessandra-Sarina

WOZU LECKERLIS?

Leckerlis sind für Hunde, was Schokolade für uns Menschen ist. Nicht notwendig für eine ausgewogene Ernährung, aber notwendig für ein erfülltes Herz.

Unsere Fellnasen naschen ebenso gerne wie wir, doch das Thema Leckerlis spaltet Hundebesitzer wie kein zweites. Sind Leckerlis wirklich notwendig oder nur eine Bestechung? Leckerchen sind ein wesentlicher Bestandteil der Bindung zwischen Besitzer und Hund und es gibt eine Vielzahl weiterer Gründe, sie unserem Vierbeiner anzubieten.

Nicht nur lecker, sondern auch nützlich

Zum Trainieren: Dass es viele verschiedene Trainingsmethoden für unsere Hunde gibt, ist bekannt. Wir wissen auch, dass nicht jede davon Leckerlis beinhaltet. Sicher ist aber auch, dass die Verwendung von Leckereien im Training, zur positiven Verstärkung, das Training effektiv verbessern kann.

Zum Ablenken: Leckerlis sind eine tolle Möglichkeit, deinen Hund positiv abzulenken. Für Hunde, die beim Alleinbleiben unter Trennungsangst leiden oder deren Aufmerksamkeit für einen kurzen Moment abgelenkt werden muss, sind Leckerlis eine großartige Möglichkeit.

Für die Bindung: Ein Hund verbindet die Belohnung mit der Person, die die Belohnung ausgibt. Doch nicht nur für dich ist es eine tolle Möglichkeit, die Bindung zu stärken, sondern auch neue Gesichter in deinem Haus, wie Freunde, Handwerker oder auch der Paketbote, können sich so die Gunst deines Hundes sichern.

Am besten selbst gemacht

Industriell hergestellte Leckerlis bringen sicherlich Vorteile mit sich, wie beispielsweise eine schnelle Verfügbarkeit oder eine längere Haltbarkeit, jedoch auch einige Nachteile, wie viele künstliche Zusätze, Fleischnebenerzeugnisse, Füllstoffe, Konservierungsmittel und Farbstoffe. Die Liste ist schier endlos. Setzt man sich erst einmal damit auseinander, was „Fertig-Leckerlis" häufig zugeführt wird, möchte man möglichst schnell den Backofen starten und selbst in Produktion gehen.

Zutaten: Bei der Herstellung selbst gemachter Leckerlis hast du die vollständige Kontrolle über die Inhaltsstoffe: Es gibt keine versteckten Zusätze, keine unnötigen Füllstoffe oder künstliche Aromen und du alleine kontrollierst die Qualität. Ebenso kannst du so auf den individuellen Geschmack eingehen und die Zutaten verwenden, die dein Hund liebt. Auch die eventuellen gesundheitlichen Probleme oder Allergien deines Hundes kannst du leicht berücksichtigen.

Kosten: Hat man erst einmal die Grundzutaten im Schrank, kann man für die Kosten einer handelsüblichen Tüte Leckerlis bis zur fünffachen Menge zu Hause herstellen.

Spaß: Zu guter Letzt macht Backen auch richtig Spaß – allen! So liebt es mein Hund, wenn ich für ihn in der Küche stehe. Die Nase in Alarmbereitschaft, der Sabber auf Maximum und die Rute mutiert zum Propeller, ist er immer zur Stelle, um aufopferungsvoll den Geschmackstest durchzuführen. Was kann mehr Spaß machen, als gemeinsam eine schöne Zeit zu verbringen?

Für jeden Hund das Richtige

Nicht nur über den Inhalt können wir bestimmen, wenn wir Leckereien selbst herstellen, sondern auch über die Größe. Kleine Hunde brauchen häufig kleinere Leckerlis. Größere Hunde bevorzugen meist größere Happen. Ältere Hunde kommen häufig mit weichen Snacks besser zurecht. Und benötigst du Trainingsleckerlis, kannst du ganz leicht Minisnacks herstellen, um deinen Hund bei der Arbeit nicht zu überfüttern.

Kommerzielle Leckereien werden in großen Mengen hergestellt, was effizienter sein kann. Jedoch haben verschiedene Produkte abhängig von Inhaltsstoffen, Herstellungsort, Verpackung, Einzelhandel und Versand unterschiedliche ökologische Fußabdrücke. Kauft man die Zutaten, die man zum Herstellen von Hundeleckereien benötigt, beim ortsansässigen Supermarkt oder gar im Hofladen, unterstützt man nicht nur die lokalen Geschäfte, sondern kann so auch die Qualität und Frische der Zutaten gewährleisten.

Genuss hat Grenzen

Es ist so verlockend, unseren Hunden Leckerlis zu geben. Wer kann schon diesem zuckersüßen, treudoofen Blick widerstehen, wenn der Hund uns mal wieder seine Aufmerksamkeit schenkt?

Doch auch Hunde können, wie wir Menschen, von Übergewicht betroffen sein. Snacks sind keine Hauptmahlzeit und das müssen wir beherzigen. Wir möchten unseren Hunden mit den selbst gemachten Leckereien etwas Gutes tun und nicht dazu beitragen, dass der Hund Gelenk- oder Zahnprobleme bekommt oder gar eine verkürzte Lebensdauer.

Die exakte Menge an Zusatzsnacks, die ein Hund bekommen darf, ist nicht pauschal zu bestimmen. Sie variiert von Hund zu Hund und ist abhängig von verschiedenen Faktoren, wie etwa Alter, Rasse, Geschlecht, Haltung, Aktivität und Vorerkrankungen. Was für den einen absolut in Ordnung ist, kann beim anderen bereits zur Gewichtszunahme führen.

Eine Faustregel besagt, dass die Snackration nicht mehr als 10 % der gesamten Tagesration an Futter betragen sollte. Eine andere Empfehlung rät, die Menge an Leckerlis von der Hauptmahlzeit abzuziehen. Mit beiden Vorschlägen fährt man nicht verkehrt, wichtig ist jedoch, dass man seinen eigenen Hund einschätzen kann. Bist du dir bei dieser Thematik unsicher, lass dich vorab unbedingt vom Tierarzt deines Vertrauens beraten.

SO KRIEGST DU ALLES GEBACKEN

Backen macht Spaß und die selbst gemachten Köstlichkeiten erfreuen Zwei- und Vierbeiner.
Selbst Menschen, die sich nicht so gern in der Küche aufhalten, lassen sich zumindest hinreißen, Rührschüssel, Nudelholz und Ausstecher aus der Schublade zu kramen, denn Backen ist so viel mehr als nur die Lust auf etwas Süßes zu befriedigen. Es ist Tradition, ein Stück Kindheit, Geselligkeit. Und wenn du in die strahlenden Augen deiner Liebsten schaust und den Sabber deines Hundes siehst, weißt du, dass sich die liebevolle Arbeit gelohnt hat.

Damit es rund um das Backen nur schöne Erfahrungen gibt und du nicht schon nach dem ersten Versuch verzweifelst und das Handtuch schmeißt, verrate ich dir nützliche Tipps und gebe dir einige wichtige Hinweise.

Alles auf Anfang

Bevor du alle Zutaten zusammensuchst und den Ofen zum Vorheizen anschaltest, lies dir einmal aufmerksam das Rezept durch. So bist du optimal vorbereitet und kannst alle Zutaten und Utensilien griffbereit an deinen Arbeitsplatz stellen. Mise en Place nennt man das in der Gastronomie. Hier eine kleine Checkliste für dich:

••• **Hygiene!** Ob für Menschen oder für Hunde – ein hygienischer Umgang mit Lebensmitteln und eine ordnungsgemäße Lagerung sind die wichtigsten Punkte für die Zubereitung von Leckereien. Achte daher auf saubere Arbeitsflächen, Arbeitsgeräte, Aufbewahrungsboxen und frische Zutaten.

••• **Fehlt was?** Das Rezept empfiehlt einen Plätzchenausstecher in Knochenform oder eine runde Backform, du hast aber keine Ausstecher zu Hause oder nur eine eckige Backform? Kein Problem: Statt rund nimmst du eckig und statt Ausstecher ein Messer oder Pizzaroller. Werde kreativ.

BACK-SOS

••• Ist der Teig zu klebrig, füge einfach noch etwas Mehl hinzu.

••• Ist der Teig zu trocken und krümelt, dann erhöhe die Flüssigkeitsmenge oder füge etwas Öl hinzu.

••• Risse im Teig? Verwendest du fettarme oder glutenfreie Zutaten, sind die Kekse anfälliger für Risse. Um das zu verhindern, füge einfach eine kleine Menge Fett zum Teig hinzu oder bestreiche die Oberfläche mit etwas Öl.

••• Lässt der Teig sich nicht ausrollen, ist er eventuell zu warm. Lege ihn für einige Minuten in den Kühlschrank.

••• Bleibt der Teig beim Ausrollen an der Küchenarbeitsplatte kleben, bemehle sie etwas oder rolle den Teig zwischen zwei Backpapierbögen aus.

••• Die **Temperaturangaben** in diesem Buch beziehen sich auf Elektrobacköfen und werden meist mit Ober-/Unterhitze angegeben. Möchtest du mit Umluft backen, ziehe einfach 20 °C ab. Warte auch immer ab, bis dein Ofen vollständig vorgeheizt ist.

••• Die **Einschubhöhe** in diesem Buch ist immer, sofern nicht anders angegeben, die Mitte des Backofens.

••• **Timer stellen!** Manchmal geht es in der Küche ganz schön hektisch zu und man ist schnell abgelenkt. Stelle dir daher einen Timer, damit nichts verbrennt.

••• Die angegebenen **Backzeiten** sind Richtwerte. Sie können je nach individueller Hitzeleistung des Backofens variieren. Grundsätzlich hängt die Backzeit von der Form und Größe der Leckereien ab: je kleiner und dünner, desto kürzer ist die Backzeit.

Hilfreiches Arbeitsmaterial

Wer gerne kocht oder backt, hat das benötigte Equipment bereits zu Hause. Das ist ein weiterer positiver Aspekt von der Herstellung

von Hundeleckereien: Du benötigst keine spezielle Ausrüstung. Backofen, Backblech, Rührschüssel, Backpapier (ich empfehle dir hier eine nachhaltige Dauerbackfolie, die du wiederverwenden kannst), eine Waage und idealerweise einen Mixer oder Pürierstab – das ist die Grundausstattung, die du für die Zubereitung von Hundesnacks benötigst.

Und hast du beispielsweise kein Nudelholz, musst du auch nicht extra eines kaufen. Verwende stattdessen einfach eine Trinkflasche oder drücke den Teig mit deinen Händen flach. Werde kreativ! Möchtest du jedoch alle Rezepte möglichst originalgetreu nachbacken, wäre es von Vorteil, wenn du neben der Grundausstattung noch Backformen, Ausstecher, Backmatten und Eiswürfelformen besitzt.

Haltbarkeit und Lagerung

Genaue Angaben über die Haltbarkeit zu machen ist schwierig, da die Haltbarkeit je nach Zutatenauswahl schwankt. Einige allgemeine Aussagen lassen sich jedoch treffen:

- Je größer der Anteil an frischen Zutaten, wie Fleisch und Gemüse, desto schneller solltest du die Leckerlis verfüttern.
- Selbstgemachte Leckereien haben eine geringere Haltbarkeit, da ich in meinen Rezepten, anders als industriell gefertigte Leckerlis, auf Konservierungsstoffe verzichte.

Die optimale Lagerung ist abhängig von der Art des Hundesnacks. Je trockener ein Keks ist, desto länger ist die Haltbarkeit. Feuchte Leckereien benötigen zudem eine Kühlung. Dabei ist luftdicht für die meisten Leckereien die beste Aufbewahrungsmethode.

TIPP

Hundekekse sollten vor der Lagerung immer vollständig ausgekühlt sein, bevor du sie zum Lagern in ein entsprechendes Gefäß legst. Restfeuchtigkeit führt in den Behältern zu früherem Verderb, da sie die Leckereien anfällig macht für Bakterien und Schimmel.

> **TIPPS**
> *Wusstest du, dass du Hundekekse auch einfrieren kannst? Wähle dazu einfach ein gefrierschrankgeeignetes Gefäß, so sind die Leckereien mehrere Monate haltbar und du hast immer einen Vorrat, auf den du zugreifen kannst.*

Dörren – so geht's

Du hast eine große Menge an Hundekeksen gebacken und möchtest, dass sie länger haltbar sind? Dann ist Dörren dein Mittel der Wahl. Dörren ist eine schonende Methode, Lebensmittel – mittels Feuchtigkeitsentzug durch geringe Hitze über einen langen Zeitraum von mindestens 5 Stunden – haltbar zu machen. Du kannst dazu einen Dörrautomaten oder auch deinen Backofen verwenden. Für Gelegenheitsdörrer reicht der Backofen, ich empfehle jedoch einen Dörrautomaten, solltest du häufiger und auch für dich selber dörren. Anders als man vielleicht glaubt, ist ein Dörrautomat kein Stromfresser, da die aufzuheizende Fläche klein und die Temperatur im niedrigen Bereich (30–50 °C) liegt. Es ist dennoch nur empfehlenswert, wenn du große Mengen zu verarbeiten hast.

Mit dieser Methode verlängerst du die Haltbarkeit von einigen Tagen auf mehrere Wochen.

Auf Nummer sicher gehen

Prüfe vor der Fütterung den Zustand der selbst gemachten Leckereien. Haben sich Aussehen, Geruch oder Konsistenz verändert, dann gehe kein gesundheitliches Risiko ein, indem du sie verfütterst.

Viele Rezepte aus diesem Buch eignen sich nicht nur hervorragend, um sie seinem eigenen Hund zu servieren, sondern auch perfekt, um anderen damit eine Freude zu machen. Aber Achtung: Fremde Hunde bitte nicht ohne Erlaubnis des Besitzers füttern.

> **TIPP**
> *Hunde vertragen Futter am besten bei Zimmertemperatur. Das Gleiche gilt auch bei Leckereien. Lasse daher Selbstgebackenes immer erst abkühlen, bevor dein Hund zum Testessen kommen darf.*

Die Rezepte in diesem Buch dienen als Inspiration. Sie sind nicht als Hauptfutterquelle für deinen Hund ausgelegt.
Wir übernehmen keine Haftung, was die Verträglichkeit für deinen Hund anbelangt. Bist du dir unsicher bei der Verträglichkeit eines Rezeptes oder einzelner Zutaten, dann ziehe besser einen Tierarzt zurate.

ZUTATEN

Mit diesen hundesicheren Zutaten lassen sich die perfekten Snacks herstellen, angepasst an die Bedürfnisse und Vorlieben deines Hundes. Und das Beste: Du weißt genau, was drin ist!

Für die Herstellung der Rezepte in diesem Buch habe ich ausschließlich hundesicherere Zutaten in bester Lebensmittelqualität verwendet. Ich achte stets auf die Frische, greife möglichst zu regionalen Zutaten und lege viel Wert auf nachhaltigen Umgang.

Ein Rezept, das du im Winter backen möchtest, enthält Erdbeeren? Dann tausche diese doch einfach gegen saisonales Obst aus dem Winter aus oder verwende die Erdbeeren, die du im Sommer frisch eingefroren hast.

Und weil Hunde, genauso wie Menschen, auch Nahrungsmittelunverträglichkeiten oder Allergien haben können, solltest du neue Lebensmittel immer in Maßen und unter Beobachtung einführen. Hast du Zweifel oder Bedenken bei einigen Lebensmitteln, dann tausche sie aus oder befrage vorab deinen Tierarzt.

Alle Rezepte in diesem Buch kannst du als Inspiration ansehen: Tausche aus, was deine Fellnase nicht mag, lass weg, was dein Hund nicht verträgt, und ergänze, was dir fehlt.

Pflanzliche Lebensmittel

Obst und Gemüse sind nährstoffreich und erhöhen nicht nur den Wert deiner Ernährung, sondern auch deines Hundes. Es gibt eine Vielzahl an hundesicheren Sorten, die du zur Herstellung von Leckerlis verwenden kannst. Da ist für jeden Geschmack und jedes Bedürfnis etwas dabei.

Wenn Obst- und Gemüse Saison haben, sind Frische, Geschmack und Konsistenz am besten. Kaufst du zudem noch regional, kommt das nicht nur den Bauern und Händlern vor Ort zugute, sondern auch dir und deinem Geldbeutel. Hast du nicht die Möglichkeit, frisch einzukaufen, oder möchtest etwas verwenden, das aktuell keine Saison hat, dann kannst du auch auf Tiefkühlware zurückgreifen.

Gemüse
Hundesicher & Saisonal

	J	F	M	A	M	J	J	A	S	O	N	D
Brokkoli						●	●	●	●	●	●	
Eisbergsalat			●	●	●	●	●	●	●	●		
Erbsen						●	●	●	●			
Feldsalat	●	●	●							●	●	●
Fenchel						●	●	●	●	●	●	
Gurke						●	●	●	●	●		
Grüne Bohnen							●	●	●	●	●	
Grünkohl	●	●	●						●	●	●	●
Kartoffel						●	●	●	●	●	●	
Kürbis								●	●	●	●	
Möhre								●	●	●	●	
Pastinake	●	●	●						●	●	●	●
Rote Bete							●	●	●	●	●	
Sellerie						●	●	●	●	●	●	
Steckrübe										●	●	
Spinat				●	●	●				●	●	
Süßkartoffel							●	●	●	●	●	
Zucchini							●	●	●	●	●	

Obst

Hundesicher & Saisonal

	J	F	M	A	M	J	J	A	S	O	N	D
Apfel	●	●	●	●				●	●	●	●	●
Aprikose						●	●	●				
Birne								●	●	●		
Brombeere							●	●	●			
Cranberry									●	●	●	
Erdbeere					●	●	●	●				
Hagebutte									●	●	●	
Heidelbeere							●	●	●			
Johannisbeere						●	●	●	●			
Kirsche						●	●	●	●			
Pflaume							●	●	●	●		
Wassermelone						●	●	●	●			

TIPP

Auf Saisonales und Regionales setzen!

Kräuter werden als gesunde Nahrungsergänzung nicht nur für Menschen, sondern auch für Hunde immer beliebter. Es gibt viele hundesichere Kräuter und Gewürze, die für die Herstellung von Hundekeksen geeignet sind. Sie haben unterschiedliche Eigenschaften und können je nach Vorliebe und benötigten Nutzen in die Rezepte integriert werden.

Kräuter und Gewürze

Hundesicher

Basilikum	Aromatisierendes Kraut mit antibakteriellen und entzündungshemmenden Eigenschaften.
Minze	Nährstoffreiches Kraut mit antibakteriellen und entzündungshemmenden Eigenschaften.
Petersilie (lockig)	Sehr hoher Vitamin-C-Gehalt. Stärkt das Immunsystem und hilft bei Mundgeruch. Nicht für trächtige Hündinnen und Hunde mit Nierensteinen geeignet.
Kamille	Beruhigende und entzündungshemmende Wirkung.
Fenchel	Bei Schleimhautreizungen oder Erkältungen, besonders wohltuend.
Spitzwegerich	Wirkt schleimlösend und unterstützt die Bronchien.
Salbei	Hilft bei Atemwegsbeschwerden und wirkt beruhigend.

Tierische Lebensmittel

Fleisch: Wenn du deinen Hund nicht vegetarisch ernährst, eröffnen sich scheinbar unbegrenzte Möglichkeiten, Fleisch in Hundeleckereien zu integrieren. Es mag keine große Überraschung sein, aber mein Hund liebt fleischige Leckerlis. Ob roh, als Keks verbacken, als Torte gestapelt oder zur Kaustange getrocknet. In Fleisch steckt mehr als nur Protein. Es enthält etliche Mineralstoffe und Vitamine. Wichtig ist hier, wie bei uns Menschen auch, auf hochwertiges Fleisch in Bio-Qualität zu setzen.

TIPP

Schau doch mal bei deinem Metzger des Vertrauens rein. Viele Fleischer überlassen freundlichen Hundebesitzern gern das eine oder andere Fleischpaket, das zwar nicht mehr für den menschlichen Verzehr verkauft werden darf, Hunden aber immer noch sehr gut schmeckt.

Übersicht Fleischsorten

Geflügel	Sehr mager. Die Innereien sind besonders nahrhaft. Vielseitig geeignet für diverse Leckerli-Typen. Nicht roh verfüttern.
Lammfleisch	Das magere Fleisch ist eine hochwertige Nährstoffquelle für Hunde. Besonders geeignet für magenempfindliche und übergewichtige Hunde.
Rindfleisch	Rind ist sehr fetthaltig, jedoch äußerst nahrhaft. Besonders die Innereien liefern wichtige Inhaltsstoffe und lassen sich zu tollen Snacks verarbeiten.
Wildfleisch	Wild ist fettarm, gut verdaulich und hypoallergen.
Pferdefleisch	Gilt als eines der bekömmlichsten und ist bestens geeignet für Allergiker.
Schaf	Besonders bekömmlich. Für Allergiker und empfindliche Hunde geeignet. Es hat einen relativ hohen Fettanteil und kann daher gut an Welpen oder sehr dünne Hunde verfüttert werden.

Fisch ist eine magere Proteinquelle, leicht verdaulich und voll von Omega-3- Fettsäuren, Vitaminen und Mineralstoffen. Fisch ist gut für die Muskeln und Gelenke und hat eine entzündungshemmende Wirkung. Viele Fischarten enthalten zudem Jod, was vor allem aktiven Hunden zugutekommt.

Wichtig bei Fisch ist, dass er frei vom Enzym Thiaminase sein sollte. Dieses Enzym spaltet das Vitamin B und kann zu Mangelerscheinungen führen.

Folgende Fische tragen dieses Enzym nicht in sich und eignen sich gut zur Herstellung von Leckereien: Seelachs, Seehecht, Rotbarsch, Regenbogenforelle, Dorsch, Kabeljau.

TIPP

Du kannst frisches Fleisch auch in Portionen einfrieren. So hast du immer etwas zum Herstellen von Hundeleckereien auf Lager.

Eier sind eine unglaubliche Nährstoffquelle. Sie enthalten eine große Menge leicht verdauliches Protein sowie gesunde Fette, Aminosäuren und Omega-3-Fettsäuren. Zudem enthalten sie eine Vielzahl an Vitaminen und Mineralien. Eier sind nicht umsonst in den meisten Küchen ein Grundnahrungsmittel. Sie eigenen sich hervorragend zum Kochen und Backen, egal ob für Menschen oder für Hunde.

Dein Hund verträgt keine Eier, du ernährst ihn vegan oder hast einfach gerade keine zu Hause? Dann habe ich hier einige Alternativen für dich zusammengefasst, mit denen du 1 Ei ersetzen kannst:
ca. 80 ml Apfelmus (ungesüßt), 1 zerdrückte Banane, Gemisch aus 1 EL fein gemahlenen Leinsamen und 3 EL Wasser, Gemisch aus 1 EL fein gemahlenen Chiasamen und 3 EL Wasser, 5 EL pürierter Seidentofu.

Milchprodukte

Auch wenn Milchprodukte nicht zur natürlichen Ernährung eines Hundes gehören, stellen sie dennoch eine gute Eiweiß- und Fettquelle für Hunde dar. Grundsätzlich werden Milchprodukte von den meisten Hunden vertragen, sofern diese nur in Maßen zugefüttert werden. Die Milch selbst enthält natürlich in ihrer ursprünglichen Form noch alle Vitamine, Mineralstoffe und Proteine, leider aber auch Zucker in Form von Laktose. Zu viel Laktose kann beim Hund zu Durchfall oder Bauchkrämpfen führen, weshalb Milch nicht als Hauptfuttermittel geeignet ist.

Viele Hunde lieben es jedoch, hin und wieder mal einen Joghurtbecher sauber zu schlecken oder ein Stück Käse zu naschen. Bist du dir unsicher beim Thema Milchprodukt, besprich dich unbedingt mit deinem Tierarzt.

In Hundeleckereien können Milchprodukte als Geschmacksverstärker, Texturgeber oder Bindemittel eingesetzt werden. Milchprodukte, die ich gerne in Hundesnacks verwende, sind: Milch, Buttermilch, Käse, Hüttenkäse, Frischkäse, Quark, Naturjoghurt (immer ungesüßt und pur im Geschmack).

Wenn dein Hund auf Kuhmilchprodukte reagiert oder du auf tierische Produkte verzichten möchtest, gibt es tolle laktose- und tierfreie Alternativen, auf die du zurückgreifen kannst. Milchprodukte, wie Milch und Joghurt, gibt es auf Reis-, Hafer-, Kokos-, Mandel- und Sojabasis (ungesüßt).

BEI KÄSE GILT

Je länger eine Sorte reift, desto weniger Laktose ist enthalten und umso besser wird der Käse von Hunden vertragen. Daher sind Sorten wie Schafskäse, Ziegenkäse, Emmentaler, Gouda, Parmesan, Butterkäse auch verträglich für laktoseintolerante Hunde.

Trockenprodukte

Mehl ist eines der Grundprodukte, die wir zum Backen benötigen. Das klassische „Weizenmehl 405“ kennen wir alle, doch ist das wohl bekannteste Getreidemehl auch geeignet zum Backen von Hundeleckerlis? Grundsätzlich ist Getreide nicht schlecht für Hunde, aber die Dosierung ist entscheidend.

Wer nur ab und an mal für einen gesunden Vierbeiner backen möchte, der kann in der Regel problemlos Weizenmehl oder andere Getreidemehle wie Dinkel- oder Roggenmehl verwenden. Die Mehrheit aller Hunde verträgt Getreide schließlich gut. Doch es gibt auch Hunde, die durch getreidehaltige Produkte gesundheitliche Probleme wie Magen- und Darmbeschwerden bekommen können. Bist du dir unsicher, kannst du unter Beachtung einiger Faktoren ein getreidehaltiges Produkt einfach gegen eine getreidefreie Alternative, wie Reis-, Mais-, Amaranth- oder Buchweizenmehl austauschen. Diese Mehle sind besonders gehaltvoll und reich an Eiweiß und daher eine super Proteinquellen.

Bedenke jedoch, Mehle haben verschiedene Nährwerte, Verdaulichkeiten und auch Saugfähigkeiten bei der Verarbeitung und bilden unterschiedliche Teigstrukturen.

TIPP

Möchtest du glutenhaltiges durch glutenfreies Mehl ersetzen, dann musst du folgendes bedenken: Gluten verhält sich in einem Teig wie ein Kleber. Er bindet die Zutaten und sorgt für einen geschmeidigen Teig. Verwendest du glutenfreies Mehl, musst du ein Bindemittel hinzufügen. Hier eignen sich beispielsweise Eier, Chiasamen oder Leinsamen.

Nüsse sind im Allgemeinen weniger hundesicher, dennoch gibt es einige Sorten, wie Erdnüsse, Maronen, Hasel- oder Paranüsse, die, in Maßen gefüttert (wegen des hohen Fettgehalts), sehr nahrhaft für unsere vierbeinigen Lieblinge sind. Sie geben vielen Rezepten die richtige Textur.

Samen, zum Beispiel Leinsamen, Flohsamen oder Sesam, sind im Allgemeinen eine sehr gut verträgliche Quelle für Fette, Antioxidantien, Vitamine und Mineralien.

Öle und Fette

Fette sind ein essenzieller Bestandteil für eine ausgewogene Hundeernährung. Die enthaltenen Fettsäuren sind wichtig für den Hundekörper, der diese nicht selbst herstellen kann. Das bedeutet jedoch nicht, dass wir bei der Herstellung von Hundeleckerlis bewusst Fett hinzufügen müssen. Leckerlis sind nur ein kleiner Teil dessen, was ein Hund am Tag zu sich nehmen sollte, und daher nicht ausschlaggebend für eine vollwertige Ernährung.

Bei meinen Rezepten konzentriere ich mich auf die Grundzutaten und füge nur selten zusätzlich Öle oder Fette hinzu. Denn meist sind von Natur aus nahrhafte Fette enthalten. Sollte ein Rezept aufgrund von fettarmen Zutaten für einen geschmeidigen Teig eine zusätzliche Gabe Fett benötigen, so sollte man stets auf Sorte, Qualität und Menge achten.

Übersicht Öl und Fette

Leinöl	Eignet sich gut zur Deckung des Omega-3-Bedarfs und sorgt für ein glänzendes, weiches Fell. Hilft bei Entzündungen im Verdauungstrakt.
Hanföl	Hanfsamen haben keine berauschende Wirkung, dafür enthalten sie besonders viel wertvolles Omega 3. Es wirkt entzündungshemmend und schmerzstillend.
Kokosöl	Kokosöl wirkt antibakteriell und bekämpft Pilze und Viren. Zudem ist es ein natürliches Insektenschutzmittel.
Lachsöl	Lachsöl wirkt sich in vielerlei Hinsicht positiv auf den Körper deines Hundes aus: glänzendes Fell, gesunde Haut, Hilfe bei Hautreizungen und Hautallergien.
Olivenöl	Olivenöl wird schon seit Jahrtausenden gegen Hauterkrankungen und Entzündungen verwendet. Es ist stark entzündungshemmend, gut für das Herz-Kreislauf-System und schützt vor Gefäßerkrankungen.
Rapsöl	Im Rapsöl sind Omega-3-Fettsäuren in großer Konzentration enthalten. Es besitzt entzündungshemmende Eigenschaften, die vor allem Hunden mit Gelenkserkrankungen wie z. B. Arthrose helfen.

DIE SACHE MIT DER ERDNUSSBUTTER

Kein Öl, dennoch eine Fettquelle, die man seinem Hund aus Genussgründen geben kann: Erdnussmus oder auch Erdnussbutter, ist nicht nur geschmacklich eine überzeugende Zutat, sondern auch ein praktisches Bindemittel in jeglichen Teigen. Es verleiht dem Teig Geschmeidigkeit und zaubert eine tolle Konsistenz. Beim Kauf solltest du immer zu natürlichen Sorten aus dem Reformhaus greifen, um sicherzustellen, dass kein unnötiges Salz, Palmöl, Zucker oder der für Hunde hochgiftige Süßstoff „Xylitol" enthalten ist.

Extras

Brühe: Ob tierisch oder pflanzlich, Brühe ist ein nahrhaftes und vielseitiges Produkt für deinen Hund. Zum Backen, als Eis oder für Gummibärchen: Sie eignet sich nicht nur für verschiedene Arten von Hundeleckereien, sondern bringt auch noch super viel Nährwert für deinen Hund mit.

In jedem Haushalt steht mindestens eine Instantbrühe und obwohl die meisten davon für Hunde sicherlich nicht schädlich sind, empfehle ich dennoch, immer eine Sorte zu wählen, die besonders natriumarm ist und keine Zutaten enthält, die Hunde nicht vertragen, wie Zwiebeln oder Knoblauch. Wichtig ist ebenso darauf zu achten, dass die gewählte Brühe frei von Glutamat und Hefeextrakt ist. Glutamat ist ein Neurotransmitter im zentralen Nervensystem und wirkt stark schädigend.

Um kein Risiko einzugehen, lässt sich eine Brühe super leicht selbst herstellen, noch dazu kostengünstig. Ich bevorzuge eine selbst gemachte Knochenbrühe, da diese deutlich nährstoffreicher ist als eine klassische Gemüsebrühe. Sie ist eine wohlschmeckende und reichhaltige Energiequelle auf dem Speiseplan für Hunde (Rezept siehe Seite 122).

Geliermittel sind Zusatzstoffe, die die Konsistenz eines Lebensmittels beeinflussen, indem sie eine gelartige Masse bilden. Bei der Herstellung von Hundeleckereien benötigen wir Geliermittel, um beispielsweise Flüssigkeiten anzudicken oder Füllungen schnittfest zu machen.

Übersicht Geliermittel

Gelatine	Gelatine ist eine größtenteils geschmacklose und farblose Substanz, die aus tierischem Eiweiß hergestellt wird. Hierzu wird vor allem das Bindegewebe (Haut und Knochen) von Schweinen und Rindern verwendet. Das Protein enthält nahezu alle für den menschlichen Organismus unentbehrlichen Aminosäuren. Daher wird sie in vielen Ländern als Lebensmittel und nicht als Zusatzstoff eingestuft.

Pektin	Pektin ist Hauptbestandteil der Zellwände von Pflanzen und Früchten, z. B. Äpfeln, und daher eine pflanzliche Alternative zu Gelatine.
Agar Agar	Agar Agar wird aus Algen gewonnen und kann schon in geringen Mengen gelartige Massen binden.
Johannisbrotkernmehl	Das Johannisbrotkernmehl wird als Verdickungsmittel in der Lebensmittel- und Futtermittelindustrie genutzt. Es hat sehr gute Wasserbindungsfähigkeiten und ist ohne Höchstbegrenzung für Human- und Tiernahrung zugelassen.

Färbemittel: Im Gegensatz zu dem, was viele Menschen glauben, sind Hunde nicht farbenblind. Sie sehen die Farben nur anders als wir Menschen. Und selbst wenn sie Farben genauso wahrnehmen würden, ist es fraglich, ob es sie kümmern würde, dass der Hundekeks nun braun oder rot ist. Ich vermute, solange sie gut riechen und vor allem gut schmecken, ist das Aussehen egal. Uns Zweibeinern aber nicht. Nicht umsonst sagen wir: „Das Auge isst mit". Und da es hier um das gemeinsame Leben von Hund und Mensch geht, spielt unser Empfinden auch eine Rolle. Es macht einfach Spaß, mit Formen und Farben zu experimentieren, um eine Leckerei mit dem Wow-Effekt zu kreieren.

Die meisten nicht auf Alkohol basierenden Farbstoffe für menschliches Gebäck sind für Hunde zwar unbedenklich, dennoch kann es hier zu Empfindlichkeiten kommen. Deswegen bevorzuge ich die auf natürlichen Zutaten basierenden Färbemittel. Viele hundesichere Lebensmittel haben eine natürlich starke Färbung, die man zum Einfärben anderer Lebensmittel verwenden kann. Neben der Farbe bieten sie zudem auch zusätzlichen Geschmack, Geruch und Nährwert.

Einfärben lassen sich deine Kreationen mit Pulver, Saft oder Püree. Flüssige Färbemittel, wie beispielsweise pürierte Erdbeeren, verändern das Flüssigkeitsvolumen und die Konsistenz des Leckerli-Teigs. Hier muss man das Rezept angleichen und etwas „Feuchtigkeit" reduzieren oder noch trockene Zutaten wie Mehl hinzugeben.

Ist in einem Rezept ein Färbemittel angegeben, fühl dich frei, dieses wegzulassen, falls du dir unsicher bist oder es nicht für notwendig hältst.

Mit was du färben kannst

Rot	Rote Bete, Erdbeeren, Himbeeren
Orange	Kurkuma, Kürbis, Karotte, Süßkartoffel
Gelb	Eigelb, Kurkuma
Grün	Weizengras, Grünkohl, Spirulina, grünes Gemüse
Lila	Heidelbeeren, Brombeeren
Rapsöl	Carob, Erdnussbutter

Pfoten weg!

In der Vergangenheit traten Hunde oftmals als Resteverwerter in Erscheinung. Heutzutage sollten Hundebesitzer es jedoch besser wissen: Lebensmittel, die für uns Menschen unbedenklich sind, können für Hunde giftig, wenn nicht sogar tödlich sein. Daher solltest du bei der Auswahl deiner Zutaten genau darauf achten, ob sie hundesicher sind oder nicht. Um es dir zu vereinfachen, habe ich dir nachfolgend eine Übersicht erstellt, welche Nahrungsmittel auf keinen Fall an Hunde verfüttert werden dürfen.

Pures Gift für deinen Hund

Obst und Gemüse	Avocado, Aubergine, Bohnen (roh), Chili, Kartoffeln, (roh), Kohl (roh), Pilze, Rosinen, Steinobst (die Kerne), Tomaten, Trauben, Zwiebeln
Tierische Lebensmittel	Schweinefleisch (roh), Thiaminasehaltige Fische, Eiweiß (roh)
Trockenprodukte	Bittermandeln, Hülsenfrüchte (roh), Macadamia-Nüsse, Walnüsse
Sonstiges	Alkohol, Kakao, Koffein, Schokolade, Süßstoff (Xylitol)

WOOF
WOOF

Hundekekse

TIPPS

••• *Je nach Bedarf kannst du die Größe der Kekse selbst bestimmen. Einfach mehr oder weniger Abstand zwischen den Längs- und Querstreifen lassen und so entweder kleine Trainingshappen oder große Leckerlis kreieren.*

••• *Für eine vegane Häppchenvariante tausche einfach das Ei gegen eine weitere Banane.*

VITAL-HÄPPCHEN

Für ungefähr
50 Bruchstückchen
Die Menge ist abhängig von der gewählten Größe der Stücke

1 Banane
1 Ei
1 Möhre, gewaschen und geraspelt
1 Birne, gewaschen und geraspelt
80 g Haferflocken
100 g Reismehl, braun

1. Den Backofen auf 180 °C Ober- und Unterhitze vorheizen und ein Backblech bereitstellen.
2. Die Banane mit einer Gabel zerdrücken und mit dem Ei verquirlen.
3. Die geraspelte Möhre und Birne sowie die Haferflocken zur Bananen-Ei-Masse hinzugeben.
4. Anschließend das Mehl unterheben und zu einem Teig verkneten.
5. Den Teig nun zwischen zwei Backpapieren gleichmäßig ausrollen. Das obere Backpapier entfernen und mit einem Messer oder Pizzaroller Längs- und Querstreifen in den Teig einschneiden.
6. Die Häppchen mit dem Backpapier auf das vorbereitete Backblech legen und für ungefähr 15–20 Minuten backen.
7. Nach dem Backen die Kekse vollständig auskühlen lassen, an den Bruchstücken teilen und anschließend luftdicht lagern.

SPIRELLIS

Für ungefähr 25 Kekse
Die Menge ist abhängig von der gewählten Größe

80 ml Wasser/Brühe
1 Ei
30 g Parmesan
1 TL Kokosöl
160 g Weizenmehl
70 g Kokosmehl
2 EL Rote-Bete-Pulver

1. Für diese Kekse Wasser, Ei, Kokosöl und Parmesan mit einem Pürierstab aufgeschlagen.
2. Das Weizen- und das Kokosmehl unter die Masse heben und zu einem geschmeidigen Teig verkneten.
3. Den Teig in zwei Hälften teilen und das Rote-Bete-Pulver unter eine Hälfte heben und kneten, bis die Farbe gleichmäßig verteilt ist.
4. Die Teige separat zwischen zwei Backpapierbögen gleichmäßig dünn ausrollen und abwechselnd übereinander legen. Anschließend die gestapelten Teige zusammen zu einer Rolle aufrollen.
5. Den Backofen auf 170 °C vorheizen und ein Backblech mit einem Backpapier auslegen.
6. Von der Rolle werden nun ungefähr ½ cm dicke Scheiben abgeschnitten und auf das vorbereitete Backblech gelegt.
7. Die Kekse werden für ca. 10–15 Minuten gebacken.
8. Nach dem Backen müssen die Spirellis vollständig auskühlen und luftdicht gelagert werden.

TIPPS

••• Für ein möglichst schönes Schnittbild wird die Rolle vor dem Schneiden für ungefähr eine halbe Stunde in das Tiefkühlfach gelegt.

••• Hast du kein Rote-Bete-Pulver zur Hand, kannst du es auch weglassen, gegen ein anderes Frucht- oder Gemüsepulver austauschen oder auch einen Löffel Geflügelleberwurst hinzufügen.

CHEESY PAWS

Für ungefähr 40 Stück
Die Menge ist abhängig von der Größe der Ausstecher

1 Ei
50 g Pastinake, püriert
50 g Parmesan
50 g Geflügelleberwurst
150 g Hüttenkäse
50 ml Sonnenblumenöl
250 g Dinkelmehl

Für die Glasur:
2 TL Maisstärke
2 TL Wasser
1 TL Honig
+ Plätzchenausstecher (Pfotenform)

1. Den Backofen auf 175 °C Ober- und Unterhitze vorheizen und ein Backblech mit Backpapier auslegen.
2. Das Ei in einer Rührschüssel verquirlen und mit dem Parmesan, der Leberwurst, dem Hüttenkäse und dem Sonnenblumenöl vermengen.
3. Das Mehl unterheben und alle Zutaten zu einem homogenen Teig verkneten.
4. Den Teig auf einer bemehlten Arbeitsfläche ausrollen und Kekse mit Plätzchenformen ausstechen. Die Kekse auf das vorbereitete Backblech auslegen und für ca. 20 Minuten backen.
5. Die Kekse vollständig auskühlen lassen und in der Zwischenzeit alle Zutaten für die Glasur miteinander vermengen. Die Glasur in eine Spritztülle füllen und nach Belieben damit verzieren.

TIPPS

••• *Die Kekse schmecken auch ohne Glasur. Also lasse sie einfach weg, wenn es mal schnell gehen soll.*
••• *Hast du keine Pfotenausstecher zur Hand, wähle einfach eine Form, die du griffbereit hast.*
••• *Die Pastinake lässt sich durch ein anderes saisonales Gemüse austauschen.*

MINI-CROISSANTS

Für ungefähr 20 Stück
Die Menge ist abhängig von der Größe der Ausstecher

100 g gekochter Reis
25 g Gouda
10 g Parmesan
25 g Frischkäse
1 EL Hanföl
1 Ei
100 g Mehl

TIPPS

••• *Hast du keine Zeit, dann kannst du den Teig, statt Croissants zu formen, auch gleichmäßig zu großen Kugeln rollen und backen.*

••• *Dein Hund verträgt keine Laktose? Dann gibt es auch tolle laktosefreie Käsealternativen, die du verwenden kannst.*

1. Den Reis nach Packungsanweisung kochen und komplett abkühlen lassen.
2. In einer Rührschüssel den kalten Reis, den Gouda, Parmesan, Frischkäse, das Öl und das Ei vermischen und mit einem Pürierstab zu einer homogenen Masse pürieren.
3. Das Mehl unterheben und anschließend zu einem Teig verkneten.
4. Den Backofen auf 170 °C Ober- und Unterhitze vorheizen und ein Backblech mit Backpapier auslegen.
5. Den Teig zwischen zwei Backpapierbögen zu einem Rechteck ausrollen.
6. Schneide nun etwa gleich große Rechtecke aus. Zerteile diese diagonal in zwei Teile, sodass spitze Dreiecke entstehen. Um ein Croissant zu formen, beginne an der breiten Seite des Dreiecks, den Teig locker aufzurollen. Anschließend krümmst du die eingerollten Dreiecke leicht, sodass die typische Croissantform entsteht. So nach und nach den Teig verbrauchen und auf dem vorbereiteten Backblech verteilen.
7. Für ca. 20 Minuten backen, anschließend komplett auskühlen lassen und dann luftdicht aufbewahren.

TIPPS

••• Für einen besonderen Hingucker, eine persönliche Botschaft oder eine individuelle Note kannst du die Kekse vor dem Backen mit Keksstempel verzieren.

••• Hast du keine Plätzchenausstechern zur Hand, rolle den Teig wie gewohnt aus und schneide mit einem Messer Längs- und Querstreifen in den ausgerollten Teig, sodass du diesen nach dem Backen leicht in Stücke brechen kannst.

WOOFIES – AUSSTECHKEKSE

Für ungefähr 25 Kekse
Menge variiert je nach Größe der Ausstecher

1 Ei
1 Banane
55 g Erdnussmus
60 ml Wasser oder Knochenbrühe (Rezept siehe Seite 122)
150 g Buchweizenmehl
+ Keksausstecher (Knochenform)

1. Den Ofen auf 180 °C Ober- und Unterhitze vorheizen und ein Backblech mit Backpapier auslegen.
2. Für die Kekse das Ei mit dem Erdnussmus verrühren und langsam das Wasser/die Brühe unterrühren.
3. Nun löffelweise das Mehl unter die Masse heben und zu einem geschmeidigen Teig verkneten.
4. Den Teig zwischen zwei Backpapierbögen ausrollen, mit Plätzchenausstechern Kekse formen und auf dem vorbereiteten Backblech auslegen.
5. Die Kekse werden nun für 10–12 Minuten gebacken, bis sie anfangen braun zu werden.
6. Die Kekse vor dem Servieren komplett abkühlen lassen und in einem luftdichten Gefäß aufbewahren.

ACHTUNG

Manches Erdnussmus enthält das Süßungsmittel Xylitol, das für Hunde giftig ist. Vergewissere dich, dass du eine natürliche Sorte ohne Zusätze verwendest.

FRUCHTRIEGEL

Für ungefähr 20 Riegel
Die Menge ist abhängig von der gewählten Riegelgröße

2 Eier
150 g Hafermilch, ungesüßt
1 EL Honig
150 g Reismehl, braun
200 g Haferflocken
3 EL gefriergetrocknete Früchte

1. Den Backofen auf 180 °C Ober- und Unterhitze vorheizen.
2. Die Eier mit der Hafermilch und dem Honig vermengen. Das Mehl, die Haferflocken und die getrockneten Früchte unterheben und zu einem Teig verkneten.
3. Den Teig nun in eine Riegelform drücken oder zwischen zwei Backpapierbögen fingerdick ausrollen. Das obere Backpapier entfernen und mit einem Messer Rechtecke in der gewünschten Größe schneiden.
4. Die Riegel nun für ungefähr 15 Minuten backen und vollständig auskühlen lassen, bevor du sie luftdicht aufbewahrst.

TIPP

Riegel sind für deinen Hund zu groß? Kein Problem, du kannst die Größe selbst bestimmen, indem du mit einem Messer den Teig in die entsprechende Größe schneidest.

KARTOFFEL-GNOCCIS

Für ungefähr 30 Stück
Die Menge ist abhängig von der gewählten Riegelgröße

90 g Kartoffeln
220 g Weizenmehl
2 Eier

1. Die Kartoffeln schälen und in einem Topf mit Wasser weichkochen und ausdampfen lassen.
2. Die ausgedampften Kartoffeln durch eine Kartoffelpresse in eine Rührschüssel pressen und mit dem Mehl und den Eiern zu einem glatten Teig verkneten.
3. Den Teig für eine Stunde im Kühlschrank ruhen lassen.
4. Den Backofen auf 175 °C Ober- und Unterhitze vorheizen und ein Backblech mit Backpapier auslegen.
5. Den Teig zu etwa 2 cm breiten Rollen formen und davon 1 cm große Stücke abschneiden. In die Stücke mit einer Gabel das typische Gnoccimuster eindrücken oder traditionell über ein Nudelbrett rollen.
6. Die geformten Gnocci auf das vorbereitete Backblech legen und für ca. 15 Minuten im Backofen backen.
7. Vor dem Servieren abkühlen lassen und luftdicht aufbewahren.

TIPP

Hast du keine Kartoffelpresse, kannst du einfach eine Gabel verwenden, um die Kartoffeln zu zerdrücken.

POLENTA-STANGEN

Für ungefähr 20 Stangen
Abhängig von der gewählten Größe der Stangen

400 ml Wasser
200 g Polenta
6 EL Parmesan, gerieben
2 Eier
1 EL Olivenöl
130 g Buchweizenmehl

TIPPS

- *Die Größe der Leckerlis kannst du individuell an deinen Hund anpassen. Erstelle dazu einfach kleinere oder größere Kugeln, die du anschließend zu Knabberstangen formst.*
- *Ist der Teig zu feucht, füge einfach noch etwas Mehl hinzu.*

1. Wasser in einem Topf aufkochen und die Polenta einrühren. Die Polenta bei schwacher Hitze 10 Minuten ziehen lassen, dabei gelegentlich umrühren. Vom Herd nehmen und 15 Minuten ziehen lassen.
2. Den Backofen auf 180 °C Ober- und Unterhitze vorheizen und ein Backblech mit Backpapier auslegen.
3. Die restlichen Zutaten zu der Polenta geben und zu einem geschmeidigen Teig verkneten.
4. Den Teig nun zu jeweils 2 cm großen Kugeln verarbeiten.
5. Für eine Gemüsestange benötigst du immer zwei Kugeln. Rolle diese gleichmäßig dick und gleichlang aus. Lege die zwei Stränge nebeneinander und verdrehe sie miteinander.
6. Verteile die entstandenen Knabberstangen auf das vorbereitete Backblech und backe sie für ungefähr 20–25 Minuten.
7. Vor dem Servieren auskühlen lassen und luftdicht aufbewahren.

SEELACHS-SESAM-CRACKER

Für ungefähr 30 Stück
Abhängig von der gewählten Größe der Cracker

100 g Seelachsfilet
1 Ei
200 g Dinkelvollkornmehl
2 TL Rosmarin, frisch oder getrocknet
2 TL Sesam

1. Den Backofen auf 175 °C Ober- und Unterhitze vorheizen.
2. Für die Cracker den Seelachs und das Ei mit einem Stand- oder Stabmixer pürieren.
3. Die restlichen Zutaten zur Fisch-Ei-Masse hinzufügen und zu einem geschmeidigen Teig verkneten. Der Teig sollte nicht kleben. Wenn nötig, noch etwas Mehl hinzufügen.
4. Den Teig nun zwischen zwei Backpapierbögen möglichst dünn und gleichmäßig ausrollen.
5. Das obere Backpapier entfernen und die Teigmasse mit einem Messer horizontal und vertikal zu einem Schachbrettmuster einschneiden, sodass Bruchstellen entstehen.
6. Die Kekse für ca. 20 Minuten backen und anschließend vollständig auskühlen lassen.
7. Im erkalteten Zustand kann man die Kekse nun an den Bruchstellen in Stücke brechen. In einem luftdichten Gefäß aufbewahren.

TIPP

Du verfütterst keinen Fisch an deinen Hund? Kein Problem, dann tausche ihn einfach gegen ein Dosenfutter deiner Wahl oder frisches Hühnerfleisch aus.

FRUCHTSTÜCKE

Für ungefähr 30 Kekse
Die Menge ist abhängig von der gewählten Keksgröße

2 EL Leinsamen, geschrotet
3 EL Wasser
1 Banane
50 g körniger Frischkäse
1 Ei
2 EL Leinöl
70 g Haferflocken, fein
100 g Buchweizenmehl
3 EL gefriergetrocknete Früchte

1. Den Ofen auf 180 °C Ober- und Unterhitze vorheizen und ein Backblech mit Backpapier auslegen.
2. Die Leinsamen in dem Wasser quellen lassen.
3. In der Zwischenzeit die Banane mit einer Gabel zerdrücken und mit dem Ei, dem Öl und dem Frischkäse vermengen.
4. Die Haferflocken, das Mehl und die gefriergetrockneten Früchte unter die Masse heben und alles zu einem geschmeidigen Teig verkneten.
5. Aus dem Teig etwa gleich große Kugeln formen und diese auf dem vorbereiteten Backblech verteilen. Leicht flachdrücken.
6. Die Kekse für ungefähr 10–15 Minuten backen und vor dem Servieren abkühlen lassen. In einem luftdichten Gefäß aufbewahren.

TIPPS

••• *Bevorzugt deine Fellnase kleinere Häppchen, dann kannst du ganz einfach kleinere Kugeln formen.*

••• *Für eine vegane Version lass das Ei einfach weg. Hast du keine gefriergetrockneten Früchte, kannst du diese auch gegen frische Obststückchen austauschen.*

BREZEL

Für 25 Stück

Abhängig von der ausgewählten Größe der Brezel

2 Eier
50 g Karotten, gekocht und püriert
50 g Erdnussmus
150 Reismehl, braun
Kokosraspel zum Verzieren

1. Den Ofen auf 170 °C Ober- und Unterhitze vorheizen und ein Backblech mit Backpapier auslegen.
2. Die Eier in einer Rührschüssel verquirlen und mit dem Karottenpüree und dem Erdnussmus zu einer geschmeidigen Masse vermengen.
3. Das Mehl unterheben und zu einem homogenen Teig verkneten.
4. Rolle nun ungefähr 1 EL Teig in einen 20 cm langen Strang. Wiederhole diesen Vorgang, bis kein Teig mehr übrig ist.
5. Forme aus den Strängen eine Brezel, indem du als erstes eine U-Form legst, die Enden miteinander verdrehst und anschließend wieder nach unten zurück faltest.
6. Streue ein paar Kokosraspeln über die Brezeln und platziere sie anschließend auf dem vorbereiteten Backblech.
7. Backe sie für ca. 25 Minuten und lasse die Kekse vor dem Servieren auskühlen. In einem luftdicht verschließbaren Gefäß aufbewahren.

ACHTUNG

Erdnussmus aus dem Supermarkt enthält häufig das für Hunde giftige Süßungsmittel Xylitol. Achte dringend darauf, dass du eine Sorte verwendest, die frei davon ist.

TIPP

Alternativ zu frischen Karotten, kannst du auch zu einem Babygläschen greifen. Achte bei Fertigprodukten jedoch immer auf die Qualität. Es sollten keine unnötigen Zusatzstoffe enthalten sein.

DOGGO DONUTS

Für ungefähr 8 Donuts
Abhängig von der gewählten Donut-Größe

1 Ei
100 g Geflügelleberwurst
50 g Magerquark
50 ml Sonnenblumenöl
50 g Haferflocken, fein
250 g Buchweizenmehl

Für die Glasur:
Magerquark
Wasser
Haferflocken

1. Den Backofen auf 170 °C vorheizen und ein Backblech mit Backpapier auslegen.
2. In einer Rührschüssel das Ei, die Leberwurst, das Öl und den Magerquark zu einer geschmeidigen Masse vermengen.
3. Das Mehl und die Haferflocken unterheben und zu einem homogenen Teig verkneten.
4. Den Teig in eine Silikon-Donut-Form füllen und für ungefähr 30 Minuten backen.
5. Nach dem Backen vollständig abkühlen lassen und aus der Form nehmen.
6. Für die Glasur Magerquark mit etwas Wasser glatt rühren und auf die Donuts streichen. Haferflocken als Dekoration drüber streuen und servieren.

TIPP

Hast du keine Donut-Form zur Hand, kannst du den Teig auf einer bemehlten Arbeitsfläche zweifingerdick ausrollen und mit einem Kreisausstecher Ringe ausstechen. Mit einem kleinen Kreisausstecher Löcher aus den entstandenen Ringen ausstechen und die Donuts auf ein mit Backpapier belegtes Backblech legen und backen.

KRÄUTER-TALER

Für ungefähr 14 Taler
Abhängig von der gewählten Größe der Ausstecher

1 Banane, püriert
1 Pastinake, gekocht und püriert
1 EL Rapsöl
1 Ei
1 TL getrocknete Kräuter
120 g Dinkelvollkornmehl
120 g Haferflocken, fein
+ Plätzchenausstecher

1. Den Backofen auf 170 °C Ober- und Unterhitze vorheizen und ein Backblech mit Backpapier auslegen.
2. Für die Kräutertaler die Banane mit der gekochten Pastinake und den Kräutern pürieren. Das Ei und das Öl hinzufügen und miteinander verrühren. Zum Schluss die Haferflocken und das Mehl unterheben und zu einem homogenen Teig verkneten.
3. Den Teig auf einer bemehlten Arbeitsfläche gleichmäßig dünn ausrollen und mit einem Plätzchenausstecher Kekse ausstechen. Die Kekse auf das vorbereitet Backblech verteilen und für ungefähr 15–20 Minuten backen.
4. Vor dem Servieren abkühlen lassen und luftdicht aufbewahren.

TIPPS

••• *Für dieses Rezept habe ich den Kräuter -Mix „Super Power" von Dog's Love verwendet. Es ist eine Mischung aus Brennnessel, Sonnenhut, Löwenzahn, Mariendistel und vielem mehr.*

••• *Du kannst hier aber natürlich kreativ werden und die Kräuter verwenden, die du noch zu Hause hast und die hundesicher sind.*

••• *Hast du keine Pastinake griffbereit, tausche sie ganz einfach gegen ein anderes Gemüse wie Kartoffeln oder Möhren aus.*

ROTE-BETE-HÄPPCHEN

Für ungefähr 25 Stück
Abhängig von der gewählten Größe

1 Rote Bete, gekocht
2 Eier
20 g Apfelmus, ungesüßt
1 EL Sonnenblumenöl
250 g Reismehl, braun

1. Den Backofen auf 180 °C Ober- und Unterhitze vorheizen und ein Backblech mit Backpapier auslegen.
2. Für die Rote-Bete-Häppchen die Rote Bete weich kochen und anschließend zerstampfen. Die restlichen Zutaten hinzufügen und die Masse zu einem homogenen Teig verkneten.
3. Den Teig zu einer ungefähr 3 cm dicken Rolle formen und anschließend 1 cm breite Stücke abschneiden. Die Häppchen auf dem vorbereiteten Backblech verteilen und für ungefähr 20 Minuten backen.
4. Vor dem Servieren vollständig auskühlen lassen und luftdicht aufbewahren.

TIPPS

••• *Ist der Teig noch zu feucht, füge so viel mehr hinzu, dass er sich gut zu einer Rolle formen lässt.*
••• *Da Rote Bete ein sehr färbendes Lebensmittel ist, empfehle ich Handschuhe beim Kneten des Teiges zu tragen.*

Kuchen und Kleingebäck

BLAUBEER-MUFFINS

Für 12 Mini-Muffins

1 Banane
1 Ei
25 ml Kokosjoghurt, ungesüßt
1 TL Kokosöl
100 g Hafermehl
20 g Haferflocken, zart
75 g Blaubeeren
+ Muffinförmchen

1. Den Ofen auf 180 °C Ober- und Unterhitze vorheizen.
2. Die Banane mit einer Gabel zerdrücken und den Kokosjoghurt, das Ei und das Kokosöl hinzufügen und miteinander verrühren.
3. Anschließend das Kokosmehl, das Hafermehl und die Haferflocken unterheben und zu einem geschmeidigen Teig verrühren.
4. Zum Schluss die Blaubeeren in den Teig einrühren.
5. Die Teigmasse in die Muffinförmchen füllen und diese für 15–20 Minuten backen.
6. Die Muffins vollständig auskühlen lassen und anschließend luftdicht im Kühlschrank aufbewahren.

TIPPS

••• *Dieses Rezept ist mein Lieblings-Basisteig für Muffins. Alle Zutaten lassen sich individuell anpassen. Die Blaubeeren können so beispielsweise durch saisonales Lieblingsobst ausgetauscht werden.*

••• *Hast du kein Hafermehl zur Hand, mach es einfach selbst, indem du deine Haferflocken für einige Sekunden in einem Standmixer zerkleinerst, oder wähle ein beliebiges Mehl, von dem du weißt, dass deine Fellnase es verträgt.*

TIPP

Dein Hund verträgt kein Erdnussmus? Kein Problem, tausche es einfach aus, beispielsweise durch Geflügelleberwurst.

PUPCAKES

Für 12 Cupcakes

2 Eier
100 g Erdnussmus
2 TL Honig
65 ml Rapsöl
100 ml Wasser
200 g Buchweizenmehl

Für die Glasur:
Frischkäse
Amaranth, gepufft
+ Muffinförmchen

1. Den Ofen auf 180 °C Ober- und Unterhitze vorheizen.
2. Alle Zutaten, bis auf das Mehl, mit einem Handmixer miteinander zu einer geschmeidigen Masse verrühren.
3. Das Mehl unter die Masse heben und den Teig anschließend in die Muffinförmchen verteilen.
4. Für 20–25 Minuten backen und vollständig auskühlen lassen.
5. In der Zwischenzeit den Frischkäse mit ein paar Tropfen Wasser glatt rühren und in einen Spritzbeutel füllen. Die Cupcakes nun mit der Glasur verzieren und mit dem Amaranth dekorieren. Luftdicht im Kühlschrank aufbewahren.

ACHTUNG

Erdnussmus kann das hochgiftige Süßungsmittel Xylitol enthalten. Hier bitte unbedingt darauf achten, eine natürliche Sorte aus dem Reformhaus ohne schädliche Zusätze zu verwenden.

BANANENBROT

Für ein kleines Bananenbrot

2 Bananen
1 Ei
1 TL Olivenöl
1 EL Honig
2 EL Naturjoghurt
80 g Dinkelmehl
20 g Haferflocken
1 TL Chiasamen
+ Kastenform (15 cm)

1. Den Ofen auf 180 °C Ober- und Unterhitze vorheizen und eine Kastenform mit etwas Olivenöl ausstreichen.
2. Eine Banane, mit dem Ei, dem Joghurt, Olivenöl und Honig in einem Standmixer oder mit einem Stabmixer pürieren.
3. Das Mehl, die Chiasamen und die Haferflocken unterheben und den Teig in eine Kastenform füllen.
4. Die zweite Banane längs halbieren und auf dem Kuchen verteilen.
5. Für 20–25 Minuten backen und vor dem Servieren auskühlen lassen. In einem luftdichten Gefäß im Kühlschrank aufbewahren.

TIPPS

••• *Hast du keine Kastenform, kannst du auch Muffinförmchen verwenden.*

••• *Dieses Rezept schmeckt auch Zweibeinern sehr gut.*

DOGGO DRIP CAKE

Für eine kleine Torte

400 g Nassfutter deiner Wahl
100 g Sonnenblumenöl
2 Eier
30 g Gouda, gerieben
160 g Reismehl, braun

Für die Füllung:
50 g Magerquark
30 g Erdnussmus

Für die Verzierung:
2 EL Magerquark
2 EL Erdnussmus
+ Hundeknochenkekse (Woofies-Ausstechkekse siehe Seite 36)
+ Springform 10 cm

1. Den Backofen auf 180 °C Ober- und Unterhitze vorheizen und eine Springform bereitstellen.
2. Für den Kuchen alle Zutaten in einer Rührschüssel zusammenmischen und in die Springform füllen.
3. Den Kuchen für 25 Minuten backen und anschließend auskühlen lassen. Ist er erkaltet, den Kuchen einmal mittig teilen, so dass zwei Kuchenböden entstehen.
4. Für die Füllung den Magerquark mit dem Erdnussmus verrühren und einen Kuchenboden mit einem Teil der Füllung bestreichen. Den zweiten Kuchenboden aufsetzen und das Törtchen mit der restlichen Füllung bestreichen.
5. Für die Verzierung den Magerquark mit ein paar Tropfen Wasser glatt rühren und die Torte damit dünn ummanteln. Das Erdnussmus über dem Wasserbad oder in der Mikrowelle aufwärmen und über das Törtchen gießen.
6. Verzieren lässt sich der Kuchen zusätzlich mit selbstgebackenen Hundekeksen.

ACHTUNG

Erdnussmus kann das hochgiftige Süßungsmittel Xylitol enthalten. Hier bitte unbedingt darauf achten, eine natürliche Sorte ohne schädliche Zusätze zu wählen.

TIPP

Du hast keine Springform zur Hand, dann kannst du den Teig auch auf einem Backblech glatt ausstreichen und nach dem Backen mit einem großen Glas Tortenböden ausstechen.

Backmatten-Leckerlis

KÄSEKUGELN

Die Menge reicht für eine Backmatte

Abhängig von der Größe der Backmatte

40 g Gouda, gerieben
40 g Parmesan, gerieben
3 Eier
2 EL Buchweizenmehl
+ 1 Backmatte
+ 1 Spatel

1. Den Backofen auf 180 °C Umluft vorheizen und eine Backmatte bereitlegen.
2. Den Gouda, Parmesan und die Eier miteinander glatt pürieren und anschließend das Mehl unterheben und vermengen.
3. Die Masse nun in die Backmatte gießen, mit Hilfe eines Spatels verteilen und die überschüssigen Reste sauber abziehen.
4. Für ungefähr 15–25 Minuten backen. Danach die Backmatte aus dem Ofen nehmen, kurz auskühlen lassen, die Leckerlis aus der Backmatte und in das Backblech lösen und weitere 5 Minuten backen.
5. Für den extra Knuspereffekt die Kugeln bei 50 °C für etwa 1 Stunde im Ofen trocknen.
6. In einem luftdichten Gefäß aufbewahren.

TIPP

Hierbei handelt es sich um ein tolles Basis-Rezept. Es lässt sich super mit Kräutern oder anderen Zusätzen verfeinern.

CHICKEN BITES

Die Menge reicht für eine Backmatte

Abhängig von der Größe der Backmatte

150 g Geflügelfleisch
4 Eier
1 TL Sonnenblumenöl
110 g Kartoffelmehl
+ Silikonbackmatte
+ Spatel

1. Den Ofen auf 180 °C Ober- und Unterhitze vorheizen und eine Backmatte bereitlegen.
2. Das Geflügelfleisch klein schneiden und in einem Topf für ca. 15 Minuten köcheln lassen. Anschließend das Fleisch mit allen Zutaten, bis auf das Mehl, gründlich verrühren.
3. Nun das Mehl unterheben und die Masse in eine Backmatte gießen. Mit Hilfe eines Spatels verteilen und überschüssige Reste sauber abziehen.
4. Für ungefähr 25 Minuten backen.
5. Für den extra Knuspereffekt die Kugeln bei 50 °C für etwa 1 Stunde im Ofen trocknen.
6. In einem luftdichten Gefäß aufbewahren.

TIPP

Muss es einmal schnell gehen, kannst du das frische Geflügelfleisch auch gegen Babygläschen austauschen. Hier ist es zudem ganz deinem Geschmack überlassen, ob du pures Fleisch oder auch einen Gemüsemix wählst. Wichtig ist jedoch, auf eine gute Qualität zu achten und eine Sorte zu wählen, die hundesichere Zutaten enthält.

MINI-DONUTS

100 g Geflügelleberwurst
3 Eier
1 EL Petersilie
2 EL Olivenöl
150 g Buchweizenmehl
+ Silikonbackmatte
+ Spatel

1. Den Backofen auf 180 °C Ober- und Unterhitze vorheizen und eine Backmatte bereitlegen.
2. Alle Zutaten, bis auf das Mehl, zu einem glatten Teig pürieren. Anschließend das Mehl unterrühren, sodass ein homogener Teig entsteht.
3. Die Masse in eine Backmatte gießen, mit Hilfe eines Spatels verteilen und überschüssige Reste sauber abziehen.
4. Für ungefähr 30–45 Minuten backen.
5. Danach die Backmatte aus dem Ofen nehmen, kurz auskühlen lassen und die Leckerlis aus den Förmchen lösen.
6. Anschließend die Leckerlis nochmals auf das Backblech legen, verteilen und bei 50 °C für etwa 1 Stunde im Ofen trocknen.

TIPPS

••• *Wenn du keine Silikonbackmatte in Donutform besitzt, kannst du natürlich auch jede andere Silikonform verwenden. Bedenke nur, je größer die Leckerlis werden, desto länger brauchen sie im Backofen, um gar zu werden.*

••• *Hundesnacks, die Petersilie enthalten, sollten nicht an trächtige Hündinnen verfüttert werden. Hier kann man die Petersilie einfach austauschen oder weglassen.*

Getrocknet, gefroren oder geliert

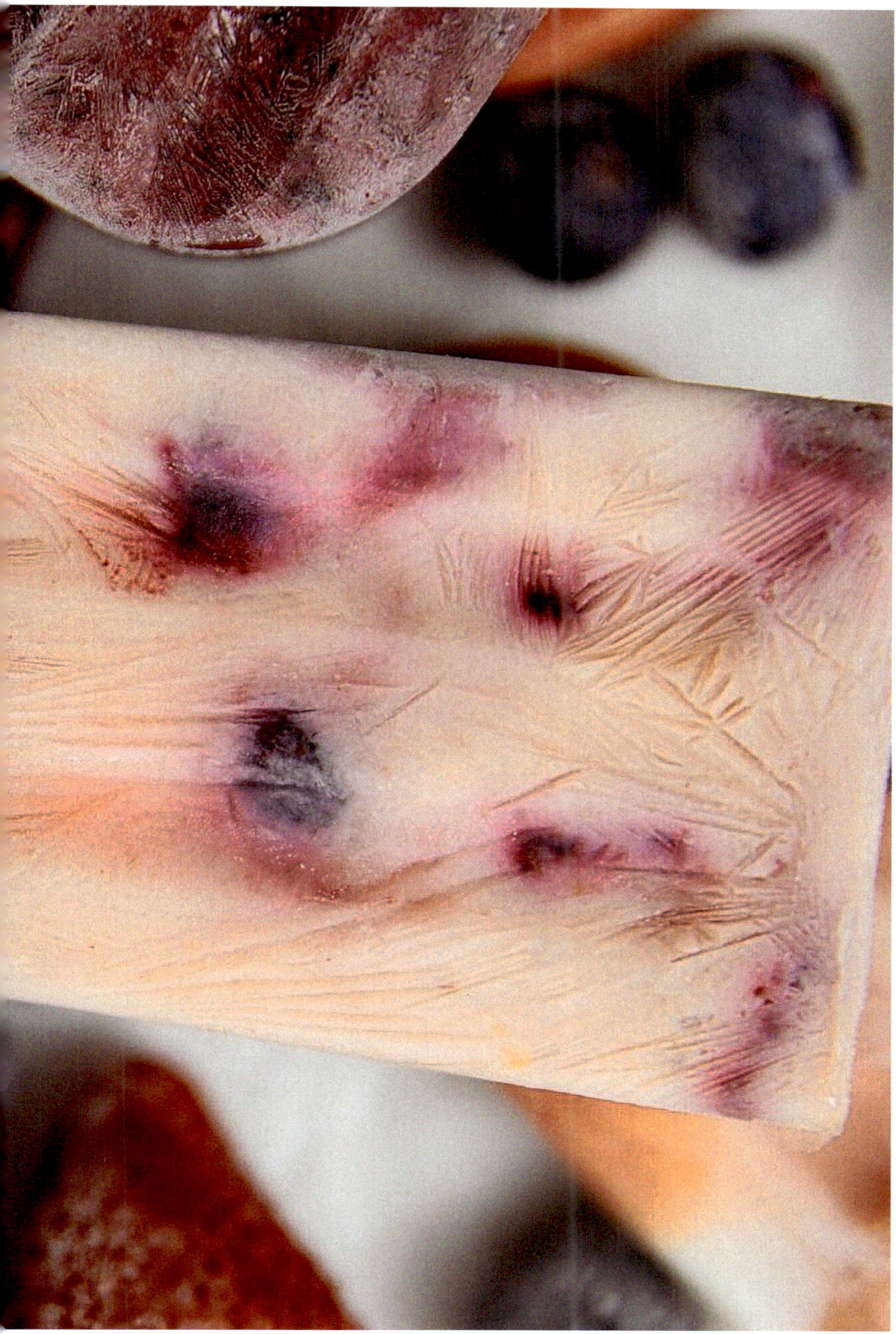

CHICKEN JERKY

Für ungefähr 20 Jerkys
Abhängig von der Größe der Hühnerfilets

2 Hühnerfilets, Bio

1. Heize den Ofen auf 50 °C Umluft vor und lege ein Backrost mit Backpapier aus.
2. Schneide die Hühnerfilets in gleichmäßig dünne Streifen. Entferne dabei überschüssige Sehnen und Fette.
3. Verteile die Streifen nun auf dem Backrost und trockne sie bei 50 °C für mindestens 6 Stunden.
4. Da gerade bei Fleisch die Hygiene besonders wichtig ist, solltest du nach dem Dörrprozess, das Hühnchen für 5 Minuten im vorgeheizten Backofen bei 150 °C Umluft backen. Das tötet alle möglichen Erreger vollständig ab.
5. Lasse das Jerky nun über Nacht an der Luft durchtrocknen, bevor du es luftdicht aufbewahrst.

TIPPS

••• *Je trockener die Streifen werden, desto länger haltbar sind sie und desto mehr Kauspaß gibt es für deinen Hund. Hat dein Hund jedoch Probleme beim Kauen, kannst du die Streifen auch kürzer trocknen, um weichere Snacks zu erhalten.*

••• *Hast du einen Dörrautomaten, kannst du die Hühnchenstreifen auch bei 50 °C für mindestens 6 Stunden trocknen.*

CHICKEN TWISTERS

Für ungefähr 20 Twisters
Abhängig von der Größe der Hühnerfilets

1 große Süßkartoffel
2 Hühnerfilets, Bio

TIPPS

••• Mit einem Dörrautomaten kannst du die Twister bei 50 °C für mindestens 6 Stunden trocknen.
••• Die Süßkartoffel lässt sich auch durch anderes Gemüse, wie beispielsweise Möhren oder Pastinaken, austauschen.

1. Den Ofen auf 50 °C Umluft vorheizen.
2. Ein Backrost mit Backpapier auslegen.
3. Die Süßkartoffel schälen und in 0,5 cm dünne Scheiben schneiden. Die Scheiben anschließend in Streifen teilen und beiseitelegen.
4. Das Hühnchen in gleichmäßige Streifen schneiden und um die Süßkartoffelsticks wickeln.
5. Die Twisters auf das vorbereitete Backrost legen und für mindestens 6 Stunden im Ofen trocknen.
6. Da gerade bei Hühnchen die Hygiene besonders wichtig ist, solltest du nach dem Dörrprozess das Hühnchen für 5 Minuten bei 150 °C Umluft backen. Das tötet alle möglichen Erreger vollständig ab.
7. Lasse die Chicken Twisters nun über Nacht an der Luft durchtrocknen, bevor du sie luftdicht aufbewahrst.

BEEF JERKY

Für ungefähr 20 Jerkys
Abhängig von der Größe der Hühnerfilets

200 g Rinderhackfleisch
4 TL Apfelessig

1. Den Backofen auf 150 °C Umluft vorheizen und ein Backrost bereitstellen.
2. Das Rinderhackfleisch zwischen 2 Backpapierbögen dünn und gleichmäßig ausrollen. Das obere Backpapier abziehen.
3. Den Apfelessig mit einem Backpinsel dünn auf das Fleisch aufstreichen.
4. Mit einem Messer ungefähr 1 cm breite Streifen in das Rinderhackfleisch einschneiden, jedoch nicht durchschneiden.
5. Lege das Backpapier mit dem Fleisch nun auf das vorbereitete Backrost und trockne das Fleisch für ungefähr 1 Stunde. Drehe anschließend die Temperatur des Backofens auf 100 °C herunter. Wenn möglich, lasse die Backofentür einen Spalt offen, damit die Feuchtigkeit entweichen kann, und trockne das Jerky für mindestens weitere 2 Stunden nach.
6. Das Jerky über Nacht an der Luft durchtrocknen lassen, bevor du es luftdicht aufbewahrst.

TIPPS

••• *Hast du einen Dörrautomaten, kannst du das Jerky bei 70 °C für mindestens 6 Stunden trocknen. Nach dem Trocknen im Dörrautomaten heize den Ofen auf 150 °C auf und backe das Fleisch noch für weitere 5 Minuten. Das entfernt alle möglichen Keime auf dem Fleisch.*

••• *Statt Rinderhackfleisch kannst du selbstverständlich auch eine Alternative wie Lamm oder Wild wählen.*

PUPSICLES

100 g saisonales Obst (zum Beispiel Blaubeeren, Äpfel oder Mango)
50 g Kokosjoghurt
+ Eis-am-Stiel-Form
+ Stiele (aus Holz oder Hundekaustangen, z. B. Ochsenziemer)

1. Das Obst in einem Standmixer oder mit einem Stabmixer pürieren und beiseitestellen.
2. Eine Eis-am-Stiel-Form bereitstellen und abwechselnd das Fruchtpüree und den Kokosjoghurt einfüllen.
3. In die Mitte der Form einen Stiel stecken und das Eis für mindestens 4–6 Stunden in den Gefrierschrank stellen, bis es komplett durchgefroren ist.

TIPPS & HINWEISE

••• *Bitte lass deinen Hund das Eis niemals unbeaufsichtigt essen, wenn es nichtessbare Teile, wie einen Holzstiel, enthält.*

••• *Alternativ zum Kokosjoghurt eignen sich auch andere Sorten, wie beispielsweise Haferjoghurt oder auch Joghurt aus Kuhmilch, sofern dein Hund Laktose verträgt. Wichtig ist auch, eine ungesüßte Natursorte zu wählen*

EISKONFEKT

1 Handvoll Erdbeeren, frisch oder TK (oder ein anderes saisonales Obst)
100 ml Sojamilch, ungesüßt
+ Eiswürfelform
+ Hundekekse als Stiele
(Rezept siehe Seite 36)

1. Die Erdbeeren gründlich waschen und den Strunk abschneiden. Anschließend zusammen mit der Sojamilch in einem Standmixer füllen und miteinander pürieren.
2. Die Masse nun in eine Eiswürfelform gießen und für 30 Minuten in den Gefrierschrank stellen und anfrieren lassen. Ist das Eis angefroren, kann man nun kleine Kekse in die Mitte des jeweiligen Konfekts stecken. Für weitere 6 Stunden in das Gefrierfach stellen, bis das Eis vollständig durchgefroren ist.

TIPP

Alternativ zu frischen Früchten kannst du auch auf Babygläschen zurückgreifen und diese mit etwas Sojamilch vermengen. Achte hierbei jedoch immer auf eine sehr gute Qualität.

KOKOS-SORBET

3 EL Blaubeeren (oder ein saisonales Obst deiner Wahl)
5 EL Kokoswasser
+ Silikonbackform

1. Die Blaubeeren gründlich waschen und in einen Standmixer geben.
2. Das Kokoswasser hinzufügen und beides miteinander zu einer glatten Masse pürieren.
3. Die Masse nun in eine Silikonform füllen und für mindestens 4 Stunden in das Gefrierfach stellen, bis es vollständig durchgefroren ist.

TIPPS

••• *Hierbei handelt es sich um ein tolles Basisrezept für eine Abkühlung an heißen Sommertagen. Tausche die Blaubeeren auch gerne gegen eine andere saisonale Frucht aus. Sehr beliebt bei meiner Fellnase ist Wassermelone.*

••• *Statt Kokoswasser kannst du auch normales Leitungswasser oder Knochenbrühe (Rezept Seite 122) verwenden.*

••• *Hast du keine Silikonform griffbereit, verwende einfach eine Eiswürfelform oder ausgespülte Joghurtbecher.*

BANANENEIS AM JERKY-STIEL

100 g Naturjoghurt
2 EL Erdnussmus
1 Banane
2 TL Quinoa
+ Chicken Jerky (Rezept siehe Seite 77)
+ Silikon-Muffinförmchen

1. Alle Zutaten zusammen in einem Standmixer oder mit einem Stabmixer miteinander pürieren, sodass eine glatte Masse entsteht.
2. Gieße die Mischung nun in die Muffinförmchen aus Silikon und stelle sie für 30 Minuten in den Gefrierschrank.
3. Das Eis sollte nun angefroren sein, sodass du die Chicken Jerkys in die Mitte der Förmchen stecken kannst und sie nicht mehr verrutschen.
4. Gib die Formen nun für mindestens 4–6 Stunden in das Gefrierfach, bis das Eis komplett durchgefroren ist.

ACHTUNG

Viele Erdnussmuse aus dem Supermarkt enthalten das für Hunde giftige Süßungsmittel Xylitol. Achte unbedingt darauf, dass du eine Sorte verwendest, die hundesicher ist.

TIPPS

••• Verträgt dein Hund keine Laktose, kannst du den Joghurt gegen eine Alternative wie Haferjoghurt austauschen.

••• Hast du keine Silikonförmchen zu Hause, verwende einfach Eiswürfelformen oder ausgespülte Joghurtbecher.

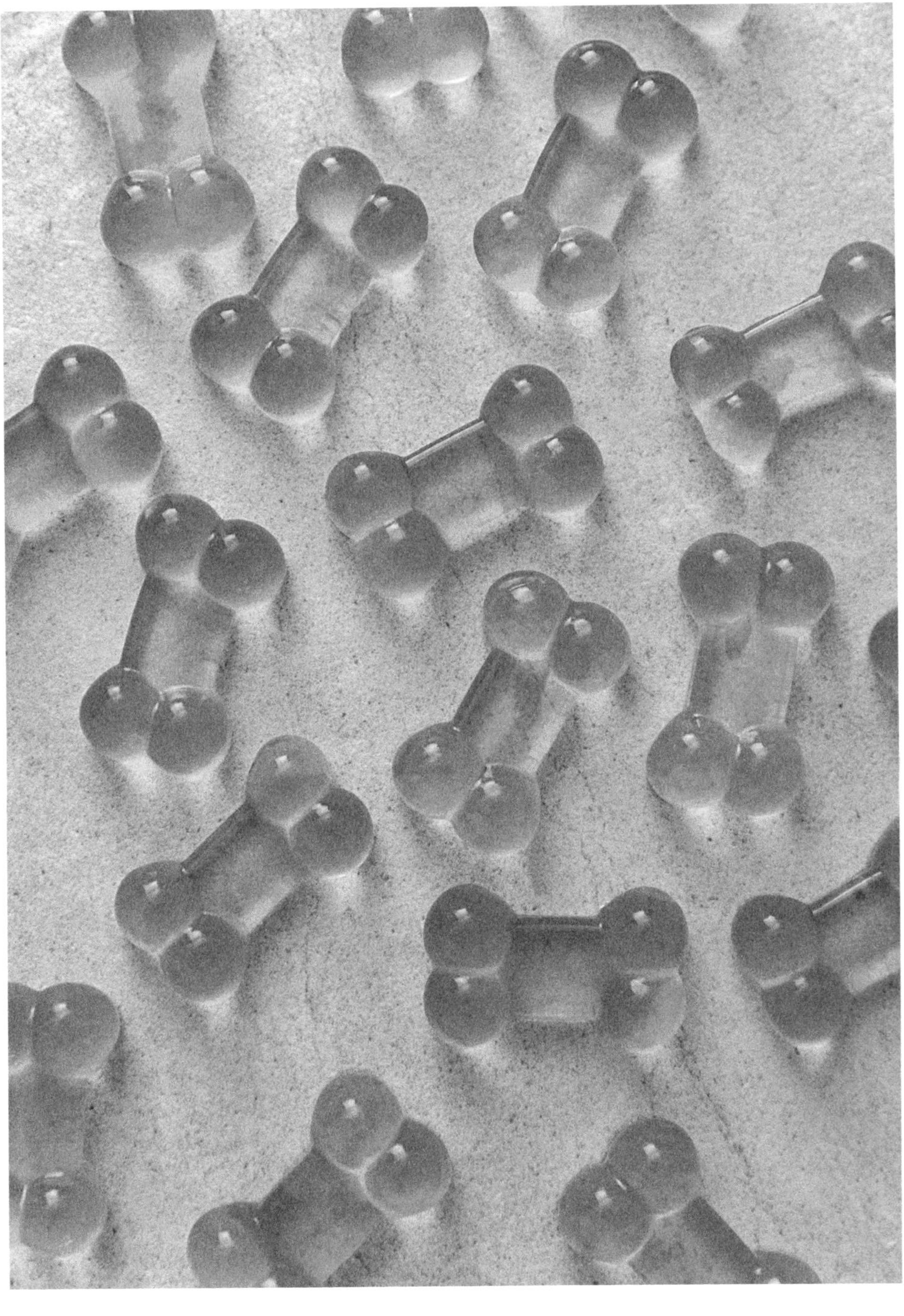

KNOCHENJELLOS

100 ml Knochenbrühe
(Rezept siehe Seite 122)
5 TL Gelatinepulver
+ Kochtopf
+ Silikonform

1. Knochenbrühe in einen Topf füllen.
2. Das Gelatinepulver über die Brühe streuen und ungefähr 5 Minuten wirken lassen. Nicht umrühren.
3. Anschließend auf niedriger Hitze das Gelatinepulver zergehen lassen. Die Gelatine darf nicht kochen.
4. Eine Silikonform bereitstellen und die heiße Masse direkt in die Form gießen.
5. Für mindestens 3 Stunden in den Kühlschrank stellen. So wird die Gelatine schneller fest.
6. Nach Ablauf der Zeit vorsichtig versuchen, die Jellos aus der Form lösen. Falls es noch nicht einwandfrei funktioniert, sind sie noch nicht fest genug und du musst dich noch etwas gedulden.
7. Die Knochenjellos in einem luftdicht verschließbaren Gefäß im Kühlschrank aufbewahren.

TIPP

Dieses Rezept ist perfekt geeignet für die Herbst- und Winterzeit, denn Knochenbrühe kommt nicht nur geschmacklich super bei Fellnasen an, sondern sie ist ein wahrer Immunsystembooster. Als Gummibärchen verarbeitet, lässt sie sich toll portionieren und dein Hund wird eine wahre Freude an der Konsistenz haben.

ROTE-BETE-KOKOS-WÜRFEL

Für ungefähr 12 Würfel
Die Menge ist abhängig von der gewählten Größe

Schicht 1:
200 ml Rote-Bete-Saft, ungesüßt
3 TL Gelatinepulver

Schicht 2:
200 ml Kokosmilch, ungesüßt
3 TL Gelatinepulver
+ Tupperdose/kleine Auflaufform/Silikonform

1. Für die erste Schicht, den Rote-Bete-Saft in einen Topf gießen und das Gelatinepulver über die Flüssigkeit streuen. 5–10 Minuten wirken lassen, ohne umzurühren.
2. Diesen Vorgang wiederholst du mit der Kokosmilch.
3. Anschließend bei mittlerer Hitze beide Töpfe erwärmen und verrühren, sodass sich das Pulver vollständig auflöst. Ist das geschehen, die Töpfe von der Hitze nehmen und 5 Minuten abkühlen lassen.
4. Fülle nun einen Teil der ersten Füllung in eine kleine Auflaufform oder Tupperdose, bis der Boden bedeckt ist und warte 2–3 Minuten.
5. Dann gießt du die gleiche Menge der zweiten Füllung über die erste Lage und wartest wieder 2–3 Minuten.
6. So verfährst du weiter, bis beide Massen aufgebraucht sind.
7. Das Gefäß stellst du nun für mindestens 4 Stunden, am besten über Nacht, in den Kühlschrank.
8. Ist die Masse fest geworden, schneidest du mit einem Messer am Rand des Gefäßes entlang, um sie zu lösen. Nun legst du ein Schneidebrett auf dein Gefäß und stürzt die Masse auf das Schneidebrett. Jetzt kannst du mit einem Messer Würfel in beliebiger Größe ausschneiden und servieren.

TIPPS

••• *Achte bei den Flüssigkeiten, die du wählst, immer darauf, dass sie keine Süßungsmittel enthalten.*

••• *Statt Würfel auszuschneiden, kannst du natürlich auch jede beliebige Silikonform verwenden.*

PEANUT PAWS

Die Menge reicht für eine Silikonform

200 ml Wasser
3 TL Gelatinepulver
2 TL Erdnussmus
2 TL heißes Wasser
Optional: weiße Pfotenabdrücke
60 ml Reismilch
1 TL Gelantinepulver
+ Silikonform (Pfoten)

1. Das Wasser in einen Topf füllen und das Gelatinepulver über die Oberfläche streuen. Für 5–10 Minuten wirken lassen, ohne umzurühren.
2. In der Zwischenzeit das Erdnussmus in eine Schale füllen und nach und nach das heiße Wasser unterrühren, bis das Mus eine geschmeidige Konsistenz erreicht hat.
3. Den Topf nun auf kleine Hitze stellen und das Gelatinepulver mit dem Wasser verrühren, bis es sich vollständig aufgelöst hat.
4. Von der Hitze nehmen, etwas abkühlen lassen und das Erdnussmus vorsichtig unterrühren und kurz abkühlen lassen.
5. Optional sind die weißen Pfotenabdrücke. Hierzu füllst du die Reismilch in einen Topf und streust das Gelatinepulver drüber. 5 Minuten ruhen lassen und anschließend auf kleiner Hitze verrühren, bis sich das Pulver aufgelöst hat.
6. Nun wird zuerst die Reismilch-Masse in die Silikonform gefüllt. 3 Minuten warten und anschließend die Erdnussmasse darübergießen.
7. Für mindestens 4 Stunden, am besten über Nacht, im Kühlschrank fest werden lassen. Aus der Form nehmen und in einem luftdichten Gefäß im Kühlschrank aufbewahren.

ACHTUNG

Viele Erdnussmuse aus dem Supermarkt enthalten das für Hunde giftige Süßungsmittel Xylitol. Achte unbedingt darauf, dass du eine Sorte verwendest, die hundesicher ist.

LIFE IS SHORT SPOIL YOUR DO

Besonderes für Feiertage und Saisonales

TIPPS

••• *Hast du keine runde Backform, kannst du natürlich auch zu einer Alternativform greifen, die du bereits zu Hause hast.*

••• *Das Rinderhackfleisch lässt sich übrigens auch gegen ein Dosenfutter deiner Wahl austauschen.*

GEBURTSTAGSTORTE

Für 1 Torte
(Backform Durchmesser 20 cm)

500 g Rinderhackfleisch, Bio
2 Eier
2 Karotten, gerieben
50 g Erbsen, TK oder frisch
50 g Gouda, gerieben
100 g Buchweizenmehl
50 g Haferflocken, fein

Für die Glasur:
200 g Kartoffeln
200 g Frischkäse
50 g Kokosmehl

Dekoration:
Knochenkekse (Rezept siehe Seite 36)
+ Backform
+ Rapsöl zum Bestreichen
+ Spatel

1. Den Ofen auf 180 °C Ober- und Unterhitze vorheizen und eine Backform mit etwas Rapsöl einstreichen.
2. Die Kartoffeln schälen, halbieren und weichkochen. Anschließend, abgießen und ausdampfen lassen.
3. Das Hackfleisch, die geriebenen Karotten, die Eier, die Erbsen und den Gouda in einer Rührschüssel gründlich miteinander vermengen. Nun das Mehl und die Haferflocken schrittweise hinzugeben.
4. Die Teigmasse in die vorbereitete Backform füllen und mit einem Löffel glatt streichen.
5. Den Kuchen ungefähr 45 Minuten backen und anschließend in der Backform vollständig auskühlen lassen.
6. Die Kartoffeln werden nun zerstampft, mit dem Frischkäse und dem Kokosmehl glatt gerührt und kalt gestellt.
7. Schneide den abgekühlten Kuchen in zwei gleich große Böden. Streiche nun einen Teil der Füllung auf einen Kuchenboden und lege den zweiten Kuchenboden darüber.
8. Mit einem Spatel verteilst du den Rest der Füllung auf und um den kompletten Kuchen.
9. Jetzt kannst du noch die Knochenkekse um den Kuchenrand entlang dekorieren.

MAKRONEN AM VALENTINSTAG

Für ungefähr 12 Stück
Abhängig von der gewählten Größe der Ausstecher

2 Eiweiß
45 g gemahlene Mandeln
75 g Buchweizenmehl
Rote-Bete-Pulver

Für die Füllung:
50 g Magerquark
20 g Kokosjoghurt
+ Plätzchenausstecher

1. Den Backofen auf 170 °C Umluft vorheizen und ein Backblech mit Backpapier auslegen.
2. Die Eiweiße steif schlagen und in eine große Schüssel geben.
3. Das Mehl mit den gemahlenen Mandeln und dem Rote-Bete-Pulver vermischen und schrittweise unter das Eiweiß heben und einen Teig formen.
4. Den Teig gleichmäßig, fingerdick, zwischen zwei Backpapierbögen ausrollen, mit einem Plätzchenausstecher Kreise ausstechen und auf dem Backpapier verteilen.
5. Für 10–12 Minuten backen und anschließend auskühlen lassen.
6. In der Zwischenzeit den Magerquark mit dem Kokosjoghurt cremig rühren und zwischen zwei Kekshälften streichen.
7. Die Valentinstags-Leckereien in einem luftdichten Gefäß im Kühlschrank aufbewahren.

TIPP

Hast du keine Kreisausstecher, kannst du natürlich auch eine Alternativform wählen, die du bereits zu Hause hast.

KAROTTENTÖRTCHEN AN OSTERN

Für 4 kleine Törtchen (Durchmesser 7 cm)

3 Karotten, püriert
1 Karotte, geraspelt
1 Ei
5 TL Erdnussmus
2 TL Leinsamen
100 g Hafermehl
20 g Haferflocken

Für die Glasur:
50 g körniger Frischkäse
+ runde Plätzchenausstecher (7 cm Durchmesser)

1. Den Backofen auf 180 °C Ober- und Unterhitze vorheizen und ein Backblech mit Backpapier auslegen.
2. Alle Zutaten zu einer homogenen Masse verrühren.
3. Den Teig auf das Backblech gießen und ungefähr 1,5 cm dick verstreichen.
4. Für ca. 20 Minuten backen und anschließend vollständig abkühlen lassen.
5. Mit einem runden Plätzchenausstecher Kreise ausstechen. Je drei Stück für ein Törtchen.
6. Die entstandenen Kuchenböden mit dem Frischkäse bestreichen und stapeln.
7. Die Karottentörtchen in einem luftdichten Gefäß im Kühlschrank aufbewahren.

TIPPS

••• *Wenn es schnell gehen soll, kannst du statt frischen Karotten auch ein Babygläschen Karottenpüree verwenden. Hierbei solltest du jedoch immer auf eine gute Qualität achten.*

••• *Solltest du keinen runden Plätzchenausstecher griffbereit haben, kannst du auch einfach ein Glas zum Ausstechen benutzen.*

HALLOWEEN-KÜRBIS-KNOCHEN

Für ca. 25 Knochen
Abhängig von der Ausstechergröße

100 g Kürbis, gekocht
40 g Edamer, gerieben
1 Ei
1 EL Kokosöl
40 g Hirseflocken
160 g Reismehl, braun
1 EL Kurkumapulver
1 Hand voll Kürbiskerne
+Plätzchenausstecher Knochenform

1. Den Backofen auf 180 °C Ober- und Unterhitze vorheizen und ein Backblech mit Backpapier auslegen.
2. Püriere den Kürbis, das Ei, das Öl und den Edamer in einem Standmixer und gieße anschließend die Masse in eine Rührschüssel.
3. Füge nun die Hirseflocken, das Mehl und das Kurkumapulver hinzu und verknete alle Zutaten miteinander zu einem homogenen Teig.
4. Knete zum Schluss noch die Kürbiskerne unter den Teig und rolle ihn zwischen zwei Backpapierbögen gleichmäßig aus.
5. Das obere Backpapier entfernen und mit einem Plätzchenausstecher Kekse ausstechen und auf dem vorbereiteten Backblech verteilen.
6. Backe die Kekse für ungefähr 20 Minuten und lasse sie anschließend vollständig abkühlen.

TIPP

Hast du gerade keinen Kürbis zur Hand, kannst du auch auf ein Babygläschen zurückgreifen. Achte hier jedoch immer auf hochwertige Qualität.

TIPP

Du hast kein Rote-Bete-Pulver zur Hand? Dann kannst du die Stangen natürlich auch einfarbig backen oder alternativ ein anderes färbendes Lebensmittel verwenden, wie zum Beispiel Spinat, Brokkoli oder Erdbeeren. Bedenke jedoch: Fügst du weitere feuchte Zutaten hinzu, wie Erdbeerpüree, dann musst du zusätzlich noch etwas Mehl unterkneten.

WEIHNACHTLICHE CANDY-CANE-STANGEN

Für ungefähr 15 Stangen
Abhängig von der gewählten Größe

100 g Pastinake, gekocht
100 g Putenbrust, Bio, gekocht
2 Eier
25 ml Kokosöl
175 g Dinkelmehl
50 g Dinkelschmelzflocken
2 TL Rote-Bete-Pulver

1. Den Ofen auf 175 °C Umluft vorheizen und ein Backblech mit Backpapier auslegen.
2. Die Pastinake mit der Putenbrust, den Eiern und dem Öl in einem Standmixer pürieren und die Masse anschließend in eine Rührschüssel umfüllen.
3. Das Dinkelmehl und die Schmelzflocken hinzugeben und alle Zutaten zu einem geschmeidigen Teig miteinander verkneten.
4. Den Teig in zwei Teile teilen. Zu einer Teighälfte das Rote-Bete-Pulver hinzufügen und gründlich verkneten, sodass ein gleichmäßig rot gefärbter Teig entsteht.
5. Von beiden Teigen jeweils 1 TL abnehmen und zu gleich langen Strängen rollen. Beide Stränge miteinander verzwirbeln und das obere Ende zu einem Bogen biegen, sodass eine Zuckerstangenform entsteht.
6. Für ungefähr 20 Minuten backen und vor dem Servieren auskühlen lassen. Die Candy-Cane-Stangen in einem luftdicht verschließbaren Gefäß aufbewahren.

GLÜCKSKEKSE FÜR SILVESTER

Für ungefähr 30 Glückskekse
Abhängig von der gewählten Größe der Kekse

1 Banane
2 Eier
20 ml Sonnenblumenöl
20 ml Hafermilch, ungesüßt
100 g Weizenmehl
30 g Kokosmehl
2 TL Flohsamenschalenpulver
+ runder Plätzchenausstecher oder ein Glas

1. Den Backofen auf 180 °C Ober- und Unterhitze vorheizen und ein Backblech mit Backpapier auslegen.
2. Banane, Eier, Öl und Hafermilch in einem Standmixer oder mit einem Stabmixer pürieren und in eine Rührschüssel füllen.
3. Das Weizen- und Kokosmehl sowie die Flohsamenschalen hinzufügen und alles zu einem geschmeidigen Teig miteinander pürieren.
4. Den Teig auf einer bemehlten Arbeitsfläche ausrollen und mit einem runden Ausstecher oder einem Glas Kreise ausstechen. Die Kreise halbieren und die aufeinander geklappten Ränder zusammendrücken. Anschließend die Spitzen zueinander biegen, um die typische Glückskeksform zu erreichen.
5. Die Kekse auf einem Backblech verteilen und für ungefähr 15 Minuten backen.

TIPPS

••• *Diese Glückskekse eigenen sich ideal als Mitbringsel. Für eine besondere Botschaft, schnapp dir kleine Zettelchen und notiere schöne Nachrichten, die du mit verschenkst.*

••• *Die Botschaften kommen anders als bei klassischen Glückskeksen, die in der Pfanne gebraten werden, nicht mit in den Backofen. Bitte immer darauf achten, dass dein Hund sich nicht daran verschluckt!*

WISH YOU A PAWSOME NEW YEAR

Für Sensibelchen

KEKSE FÜR SENSIBELCHEN

Für ungefähr 20 Kekse
Abhängig von der gewählten Größe der Ausstecher

150 g Reismehl
2 TL Kokosöl
80 ml Wasser

Glasur (optional):
2 EL Magerquark
Ein paar Tropfen Wasser
+ Plätzchenausstecher

1. Den Backofen auf 160 °C Ober- und Unterhitze vorheizen und ein Backblech mit Backpapier auslegen.
2. Alle Zutaten in einer Schüssel miteinander vermengen. Die Konsistenz sollte einer Knetmasse ähneln.
3. Den Teig auf einer bemehlten Arbeitsfläche ausrollen, mit Plätzchenausstechern Kekse ausstechen und auf dem Backblech verteilen.
4. Die Kekse für 12–15 Minuten backen und anschließend vollständig auskühlen lassen.
5. Optional kannst du nun den Magerquark mit etwas Wasser geschmeidig rühren und in einen Spritzbeutel füllen. Eine kleine Ecke des Spritzbeutels abschneiden und damit den Keks verzieren.

TIPP

Aufgrund der fehlenden Bindemittel ist der Teig zwar super geeignet für Sensibelchen, jedoch auch eher bröselig und anfällig für Risse. Die Hände etwas anfeuchten schafft Abhilfe.

SENSIBELCHEN

FRISCHEKICK

Für ungefähr 20 Atem-Erfrischer

Abhängig von der gewählten Formgröße

15 g frische Minze
15 g frische Petersilie
15 g frischer Spinat
200 g Kokosjoghurt
100 g Kokosöl
1 TL Apfelessig
+ Silikonform

1. Die Kräuter gründlich waschen, grob hacken und mit den restlichen Zutaten mit einem Pürierstab oder einem Standmixer pürieren.
2. Die Masse in eine Silikonform füllen und für mindestens 4 Stunden, am besten jedoch über Nacht, im Gefrierschrank durchfrieren lassen.
3. Anschließend die Leckerlis aus der Form nehmen, in eine verschließbare Box oder einen Gefrierbeutel legen und im Gefrierschrank aufbewahren.

TIPPS

••• *Hundesnacks, die Petersilie enthalten, sollten nicht an trächtige Hündinnen verfüttert werden.*

••• *Die Größe der Snacks ist abhängig von der Größe der Silikonform. Ich empfehle, eine Form zu wählen, bei denen die Snacks maulgerecht für deinen Hund sind.*

VITAMIN PAWS

Für ungefähr 20 Vitaminbomben
Abhängig von der gewählten Formgröße

30 g Bierhefe
100 g Kokosöl
+ Silikonform/Eiswürfelform

1. Das Kokosöl in einem Wasserbad schmelzen.
2. Nach und nach die Bierhefe unterrühren und alles miteinander verbinden.
3. Die Masse nun in eine Silikonform oder Eiswürfelform füllen und zum Aushärten für mindestens 3 Stunden in das Gefrierfach stellen.
4. Anschließend die Leckerlis aus der Form nehmen, in eine verschließbare Box legen und im Kühlschrank aufbewahren.

BIERHEFE KANN VIEL

••• *Wusstest du, dass Bierhefe zwar ein Nebenprodukt bei der Bierherstellung ist, jedoch keinerlei Alkohol, dafür aber unzählige, positive Eigenschaften enthält?*

••• *Bierhefe ist fettarm, cholesterinfrei und von Natur aus reich an wertvollen B-Vitaminen, wichtigen Mineralstoffen und Spurenelementen. Bei regelmäßiger Fütterung kann Bierhefe die körpereigenen Prozesse deines Vierbeiners unterstützen, für glänzendes Fell und gesunde Haut sorgen, Magen-Darm-Beschwerden lindern und soll sogar unterstützend gegen Parasiten wie Zecken helfen.*

TIPP

Ich empfehle bei der Wahl der Silikonform eine maulgerechte Größe für deinen Vierbeiner.

TIPP

Die restliche Portion kannst du für ungefähr 3 Tage in einer luftdichten Box im Kühlschrank aufbewahren.

SCHONKOST

Je nach Größe deines Hundes reicht die angegebene Menge für eine Mahlzeit oder mehrere Tage

100 g Hühnerbrust, Bio, fettarm
200 g Reis
150 g Karotten
30 g Hüttenkäse
1 EL Leinsamen, geschrotet
2 EL Wasser

1. Reis in kochendes Wasser geben, weich kochen und anschließend abgießen und ausdampfen lassen.
2. Das Hähnchenfleisch kleinschneiden und beiseitestellen.
3. Die Karotten gründlich waschen, kleinschneiden, in kochendes Wasser geben und weich kochen. Nach 10 Minuten das Hühnchenfleisch dazugeben und für weitere 5 Minuten garen. Anschließend abgießen und abkühlen lassen.
4. In der Zwischenzeit die Leinsamen in dem Wasser 10 Minuten einweichen.
5. Nun vermischt du alle Zutaten miteinander und befüllst den Napf mit der Menge, die zur Größe deines Hundes passt. Bei Magen-Darm-Beschwerden empfiehlt es sich, über den Tag verteilt mehrere kleine Mahlzeiten statt 1–2 große Mahlzeiten zu füttern.

HAUPTSACHE LEICHT VERDAULICH

Grundsätzlich versteht man unter Schonkost ein besonders leicht verdauliches Futter, um den Magen- und Darmtrakt deines Hundes zu schonen. Die Inhaltsstoffe decken nicht den Bedarf an Nährstoffen, die ein Hund dauerhaft benötigt. Sie ist so konzipiert, dass der Magen- und Darmtrakt durch möglichst wenige Zusätze entlastet wird. Daher ist es nicht ratsam, Schonkost dauerhaft zu füttern. Die schonende Mahlzeit empfiehlt sich bei Durchfall, Erbrechen, Stress, Sodbrennen oder Unverträglichkeiten.
Wichtig: *Stellst du fest, dass mit deinem Hund gesundheitlich etwas nicht stimmt und sich der Zustand nicht verbessert, dann suche zeitnah deinen Tierarzt auf.*

MOROSCHE KAROTTENSUPPE

Die angegebene Menge reicht für ungefähr einen Liter

500 g Möhren, Bio
1 l Wasser (ungefähr)
1 TL Kochsalz (liegt jedoch eine Nierenerkrankung bei deinem Hund vor, frage vorab deinen Tierarzt, ob auf das Salz verzichtet werden soll)
+ großer Kochtopf

1. Die Möhren waschen, schälen, die Enden entfernen und in kleine Stücke schneiden. Die Möhrenstücke werden nun in einen großen Kochtopf gefüllt und mit Wasser bedeckt. Den Herd auf niedrige Stufe stellen und die Möhren 90 Minuten köcheln lassen. Während dieser Kochzeit immer wieder den Wasserstand überprüfen und gegebenenfalls Wasser nachfüllen.
2. Die Karotten nach der Kochzeit abgießen. Das Wasser auffangen. In einem Standmixer oder mit einem Stabmixer die Möhren pürieren. Je feiner die Möhren püriert werden, umso besser kommen die Moleküle an die Darmwand.
3. Gib nun das Salz und so viel von dem aufgefangenen Kochwasser zum Karottenpüree hinzu, bis die Konsistenz von Buttermilch erreicht ist. Vor dem Servieren abkühlen lassen.

BESTES HAUSMITTEL

Ein uraltes Hausmittel von 1908, nach Professor Dr. Ernst Moro, aus der Kinderheilkunde, bevor es Antibiotika gab. Die Morosche Karottensuppe ist eines der besten Hausmittel gegen Durchfall. Mit einem Kochtopf voll Möhren kann man zu Hause einen Wirkstoff erstellen, der sogar in vielen Fällen dem industriellen Antibiotika überlegen ist. Durch das lange Kochen der Karotten entsteht ein spezielles Molekül, das an der Darmwand andockt und so die Andockstellen gefährlicher Einzeller, wie Giardien, blockiert. Sie gleiten ab und werden zusammen mit dem Nahrungsbrei ausgeschieden.

TIPPS

••• Verfüttere etwa 4–5 kleine Portionen über den Tag verteilt. Ein grober Anhaltspunkt bezogen auf die Menge ist: 30 ml pro kg Körpergewicht am Tag.

••• Es empfiehlt sich aufgrund des Aufwands, die Morosche Karottensuppe immer auf Vorrat zu haben, nach dem Abkühlen portionsweise in gefriergeeignete Gefäße einfüllen und einfrieren.

••• Die Morosche Karottensuppe ist übrigens auch super für Menschen geeignet!

••• Hält der Durchfall bei deinem Hund länger an als üblich, hole bitte immer den Rat deines Tierarztes ein.

KNOCHENBRÜHE

Die angegebene Menge reicht für ungefähr 1,5 l Brühe

1 bis 1,5 kg Rinderknochen (gerne mit viel Knorpel)
Wasser
2–3 Spritzer Apfelessig
+ großer Kochtopf

ACHTUNG

Verfüttere auf keinen Fall gekochte Knochen: Verletzungsgefahr!

1. Die Knochen zusammen mit dem Apfelessig in einen großen Topf geben. Anschließend mit Wasser auffüllen, sodass alle Knochen ausreichend bedeckt sind.
2. Die Zutaten zum Kochen bringen und anschließend die Temperatur auf eine niedrige Stufe herunterdrehen.
3. Den Kochtopf mit einem Deckel abdecken und die Brühe für mindestens 8 Stunden (bis zu 24 Stunden) köcheln lassen.
4. Zum Schluss die Brühe grob sieben und dann erneut durch ein Küchentuch gießen, um mögliche Knochensplitter herauszufiltern und eine klare Brühe zu erhalten.
5. Die Brühe nun abkühlen lassen und anschließend abfüllen. Möchtest du sie direkt verfüttern, fülle sie in Schraubgläser und bewahre sie für ungefähr 5 Tage im Kühlschrank auf. Alternativ ist die Brühe perfekt geeignet, um sie auf Vorrat zu kochen und portionsweise einzufrieren.

WIE WÄRE ES MIT ETWAS MEHR POWER?

Eine Knochenbrühe ist nicht nur ein wahrer Nährstoffbooster, sondern auch besonders lecker und somit ideal geeignet für deine Fellnase.
Diese ölige Brühe enthält viele Mineralien, Aminosäuren, Kollagen und Vitamine. Sie soll daher ein perfekter Energiespender sein und das Immunsystem stärken. Die Knochenbrühe ist leicht verdaulich und wohltuend für den Darm. Außerdem versorgt sie auch den schlechtesten Trinker mit ausreichend Flüssigkeit.

TIPPS

••• Der Apfelessig dient dazu, den pH-Wert zu senken. Denn so lösen sich die gesunden Stoffe aus den Knochen.

••• Möchtest du die Brühe auf Vorrat kochen, dann verdopple doch die Menge. Friere die Suppe idealerweise schon in passenden Portionen ein.

••• Gib einfach ein paar EL von der Brühe zum Trinkwasser deines Hundes und ich garantiere dir, er hat noch nie so gern getrunken.

••• Auch ideal zum Backen oder als Basis für ein leckeres Eis.

BUNTE VIELFALT

Du kannst Smoothies sehr vielseitig einsetzen:

- *Eine prima Trinkhilfe für trinkfaule Hunde.*
- *Bei Zahnproblemen bringen sie ein gesundes Extra an Energie.*
- *Als Topping über das Futter besonders gut für schlechte Fresser.*
- *Eingefroren in Silikonformen eine perfekte Abkühlung an heißen Tagen.*
- *Super geeignet für Futterspielzeuge oder Schleckmatten.*

SMOOTHIES

Smoothies sind eine wunderbare Ergänzung zum Futter und eine tolle Abwechslung. Sie sind ganz einfach in der Herstellung und lassen sich perfekt an die Obst- und Gemüsesaison und die Vorlieben deines Hundes anpassen. Mit den richtigen Zutaten sind sie nicht nur lecker, sondern auch ein wahrer Vitamin- und Nährstofflieferant.

Die Basis eines jeden Smoothies bilden **Flüssigkeiten**: Knochenbrühe (Rezept Seite 122), Wasser, Kokos- oder Hafermilch (ungesüßt). Hinzu kommt **Gemüse und Obst**: Grundsätzlich empfehle ich saisonal einzukaufen (Saisontabelle siehe Seite 15 & 16). Gemüse empfiehlt sich im gekochten Zustand zu verwenden, da es so leichter zu verarbeiten ist. Du solltest immer eine kleine Menge **Öl** (Kokosöl, Leinöl, Lachsöl, Hanföl etc.) hinzufügen, damit das Obst und Gemüse besser vom Körper aufgenommen werden kann. Für (eine nicht vegetarische Variante und) noch mehr Nährstoffe füge **tierische Produkte** hinzu: Fleisch oder auch Fisch. Zum Schluss kannst du den Smoothie noch mit **Zusätzen** versetzen: Kräuter, Samen, Kerne.

150 ml Flüssigkeit = Knochenbrühe
50 g Gemüse = Spinat, gewaschen, in Stücke geschnitten
20 g Obst = Apfel, gewaschen, entkernt, in Stücke geschnitten
100 g tierisches Protein = Hühnerbrust, gekocht (optional)
Petersilie, gewaschen, gehackt
1 TL Hanföl

Beispielrezept

1. Alle Zutaten in einem Standmixer miteinander pürieren und nach Belieben servieren.
2. Die Reste in einem Schraubglas im Kühlschrank für 3 Tage aufbewahren oder in gefriergeeigneten Gefäßen einfrieren.

Literatur

Bolbecher, Gisela & Dillitzer, Natalie: Ganzheitliche Ernährung für Hund und Katz. Thieme Verlag, Stuttgart 2020

Fritz, Julia: Hunde barfen. Verlag Eugen Ulmer, Stuttgart 2018

Kurscheid, Valentina: Superfood für Hunde. Verlag Eugen Ulmer, Stuttgart 2018

Laukner, Anna: Hunde füttern. Verlag Eugen Ulmer, Stuttgart 2006

Zentek, Jürgen: Hunde richtig füttern. Verlag Eugen Ulmer, Stuttgart 2012

Zentek, Jürgen: Ernährung des Hundes. Thieme Verlag, Stuttgart 2022

Empfehlungen

Backformen und Backzubehör: Dr. Oetker, Kaiser, Zenker, SABRO

Hundefutter und Zusätze: Dog's Love

Food Styling und Keramik: Within Mood, Butlers, Depot, Räder, Dogbar

Dankeschön

Ein großes Dankeschön, geht an den Tierarzt Dr. Andreas Koppe von der Kleintierpraxis in Bremen (www.kleintierpraxis7.de), der den Inhalt dieses Buches und die darin enthaltenen Rezepte sorgfältig überprüft und abgesegnet hat.

Bedanken möchte ich mich ebenfalls bei meinem flauschigen Testesser und größtem Kritiker Dumbo. Er hat sich unermüdlich aufgeopfert und jedes Rezept für gut befunden.

ÜBER DIE AUTORIN

Alessandra-Sarina Vicario hat ihre Kreativität zum Beruf gemacht und arbeitet nicht nur als Friseurmeisterin, sondern hat sich zudem noch als Foto- und Videografin im Bereich Food, Stills und Lifestyle selbstständig gemacht.

Auf ihrem Instagramaccount teilt sie Eindrücke ihres Lebens, so auch das Backen von Hundeleckerlis. Der große Zuspruch veranlasste sie, ihre Lieblingsrezepte gesammelt zu veröffentlichen.

Webseite: www.alessandravicario.de
Instagram: @alessandra.sarina

BILDNACHWEIS

Alle Fotos auf und im Buch stammen von der Autorin.
Icons auf dem Buchrücken: Marion Schreiber

IMPRESSUM

Die in diesem Buch enthaltenen Empfehlungen und Angaben sind von der Autorin mit größter Sorgfalt zusammengestellt und geprüft worden. Eine Garantie für die Richtigkeit der Angaben kann aber nicht gegeben werden. Autorin und Verlag übernehmen keine Haftung für Schäden und Unfälle. Bitte setzen Sie bei der Anwendung der in diesem Buch enthaltenen Empfehlungen Ihr persönliches Urteilsvermögen ein oder wenden Sie sich an Ihren zuständigen Tierarzt.
Der Verlag Eugen Ulmer ist nicht verantwortlich für die Inhalte der im Buch genannten Websites.

Anmerkung zur Schreibweise (Gendering): Gendergerechtigkeit und Inklusion sind bei uns gelebte Praxis – bei der Auswahl unserer Themen, bei der Recherchearbeit, in der Gestaltung. Unsere Texte meinen alle. Damit unsere Inhalte jedoch gut lesbar bleiben, verzichten wir in diesem Werk auf die jeweilige Mehrfachnennung oder Anpassung der Schreibweise bestimmter Bezeichnungen an die weibliche, männliche oder diverse Form.

Danke, Fabi, für die klasse Titelformulierung!

Bibliografische Information der Deutschen Nationalbibliothek
Die Deutsche Nationalbibliothek verzeichnet diese Publikation in der Deutschen Nationalbibliografie; detaillierte bibliografische Daten sind im Internet über http://dnb.d-nb.de abrufbar.

Wollgrasweg 41, 70599 Stuttgart (Hohenheim)
E-Mail: info@ulmer.de
Internet: www.ulmer.de
Projektleitung: Jennifer Zajonz
Lektorat: Alessandra Kreibaum
Herstellung: Isabell Scherrieble
Umschlaggestaltung: Marion Schreiber, www.marionschreiber.de
Satz: Anette Vogt, www.redsign.de, Stuttgart
Reproduktion: time:ray, Jettingen
Druck und Bindung: Firmengruppe Appl, aprinta Druck, Wemding
Printed in Germany

ISBN 978-3-8186-2035-6